ENSAYO de TRANSFORMADORES

ALBERTO TORRESI

ENSAYO DE

TRANSFORMADORES

Pje España 1467. Te/Fax: 5980913. (5000) Córdoba. Argentina –
editorialuniversitas@yahoo.com.ar

Diseño de Tapa: Universitas
Autoedición: Universitas
Producción Gráfica: Universitas

editorialuniversitas@yahoo.com.ar
www.universitaseditorial.com.ar

Hecho el depósito que marca la ley 11.723

© 2020 UNIVERSITAS. Editorial Científica Universitaria. Córdoba. Argentina

Presentación

El ingeniero Alberto Torresi, aunque ya es vastamente conocido a través de su trayectoria en el tratamiento de los equipos, ensayos y usos de las corrientes fuertes, me ha honrado al pedirme que le escribiese el prólogo de su nuevo libro, que trata sobre el Ensayo de Transformadores, y en especial los de gran potencia.

Es que el ingeniero Torresi, es un alma inquieta, que quiere tocar todos los temas relativo a esa disciplina, de las corrientes fuertes; es un didacta por vocación, que siempre está a la búsqueda de nuevas formas de exposición, de claras explicaciones y de esquemas que permitan a los alumnos asimilar con total facilidad los conceptos de sus disciplinas preferidas.

La información que el proporciona, y que, de existir, está diseminada en muchos tratados en diversas lenguas, centraliza así un material que, de otra forma, es muy difícil de compaginar.

Cabe destacar que además de ser un didacta con profunda vocación para la tarea docente, los que hemos sido sus profesores, hemos podido observar a lo largo de su carrera y de las diversas funciones que ha desempeñado, su honestidad, su rectitud y su hombría de bien, que ha puesto en juego en toda su vida y obra; y esta es una parte importante hoy, donde los medios de difusión hacen pensar frecuentcmente que en el mundo actual han desaparecido muchos valores morales, de los cuales tenemos la responsabilidad de mostrar ejemplos.

Vaya pues esta nueva publicación a integrar el conjunto del lote de conocimientos bastos y diversificados que el ingeniero Torresi pone a nuestro alcance. Sale el nuevo libro... pero no creemos que éste sea el último...

¡Felicidades...!

Agosto de 2020

José Francisco Núñez
Ing. Mecánico y Electricista
Universidad Nacional de La Plata

A la memoria de los profesores
Axel R.S. Nielsen
Norberto Giampietri
Leopoldo O. Budde
Y Héctor Arduino

ÍNDICE

CAPÍTULO 1

TRANSFORMADORES DE POTENCIA

1.1 PRINCIPIOS GENERALES

En la forma más simple, un transformador consiste en dos devanados conductores que se ejercen inducción mutua.

El primero es el devanado que recibe la potencia eléctrica y el secundario es el que puede entregarla a la red exterior.

Los devanados suelen estarlo sobre un núcleo determinado de materiales magnéticos o constituidos por una aleación pulverizada y comprimida, y entonces se habla de un transformador con núcleo de hierro. A veces como ocurre en muchos transformadores de radio frecuencia, no hay núcleo alguno y se dice que se trata de un transformador con núcleo de aire.

1.1.1 Teoría elemental del transformador:

Cuando se desprecian las corrientes de desplazamiento debido a las capacidades de los devanados, los principios fundamentales a partir de los cuales se desarrolla la teoría de los transformadores viene expresada por las siguientes ecuaciones:

$$v_1 = E_1 i_1 + \frac{d\lambda_1}{dt} = R_1 i_1 + e_1 \quad (1)$$

$$v_2 = E_2 i_2 + \frac{d\lambda_2}{dt} = R_2 i_2 + e_2 \quad (2)$$

Donde los subíndices 1 y 2 se refieren a los devanados primario y secundario y

v_1 y v_2 son las tensiones instantaneas terminales

i_1 e i_2 son las intensidades instantaneas de las corrientes

R_1 y R_2 son las resistencias efectivas

λ_1 y λ_2 son los flujos instantaneos que atraviesan todas las
  espiras de primario y secundario.

e_1 y e_2 son las tensiones instantaneas inducidas en primario y
  secundario por los flujos variables en el tiempo

Puede emplearse cualquier sistema compatible de unidades. En estas ecuaciones, los sentidos positivo y negativo de las tensiones se toman como caída de potencial en el sentido de un tornillo de rosca derecha respecto de un sentido del flujo tomado como positivo y se indican como $+$ y $-$ en la figura 2-1. También es conveniente considerar sentido positivo para la corriente de primario y secundario en este mismo sentido del tornillo de rosca derecha respecto al flujo positivo, según indican las flechas i_1 e i_2 de la figura 1-2.

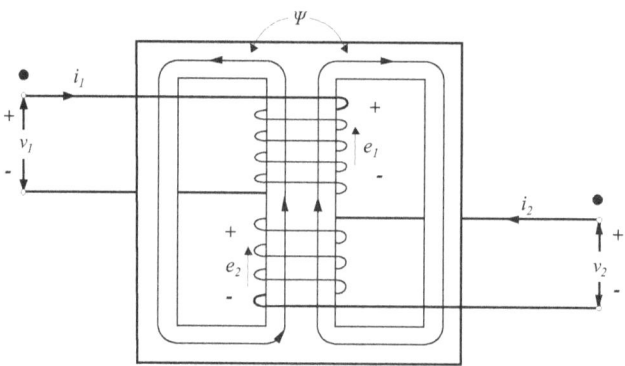

Figura 1-1 Esquema de un transformador, indicando los sentidos de las corrientes y de las tensiones.

Para utilizar las ecuaciones (1) y (2) es necesario hallar las relaciones entre los flujos y las intensidades de corriente en los devanados

Si es constante la permeabilidad en el núcleo los flujos serán proporcionales a las intensidades de las corrientes que lo crean y, en consecuencia, por el principio de superposición podrá expresarse los flujos totales como la suma de los componentes creados por cada corriente actuante por sí sola. Es decir:

$$\lambda_1 = L_1 i_1 + M i_2 \qquad (3)$$
$$\lambda_2 = L_2 i_2 + M i_1 \qquad (4)$$

Donde L_1 y L_2 son los coeficientes de autoinducción de los devanados y M. es el coeficiente de inducción mutua. En las ecuaciones $L_1 i_1$, es la componente del flujo que atraviesa el primero creado por la corriente primaria y Mi_2 es el componente de flujo que atraviesa al primario creado por la corriente del otro devanado. Análogamente $L_2\ i_2$ y Mi_1, son las componentes de autoinducción y de inducción mutua del flujo que atraviesa el secundario. Los coeficientes $L_1\ L_2$ y M son las constantes de proporcionalidad que relacionan las componentes de las figuras con las corrientes que las crean. Según la teoría de los circuitos lineales acoplados, las ecuaciones fundamentales pueden escribirse de la siguiente forma:

$$v_1 = R_1 i_1 + L_1 \frac{dL_1}{dt} + M \frac{dL_2}{dt} \qquad (5)$$

$$v_2 = R_2 i_2 + L_2 \frac{dL_2}{dt} + M \frac{dL_1}{dt} \qquad (6)$$

La permeabilidad del núcleo de hierro de un transformador no es constante, y por tanto sus coeficientes de autoinducción no son constantes. Sus valores dependen de las condiciones magnéticas instantáneas en el núcleo. Así pues es evidente que la explicación de las ecuaciones (3), (4), (5) y (6) con coeficientes de autoinducción constante en un transformador con núcleo de hierro, no es rigurosa.

Para obtener un concepto físico del comportamiento de un transformador con núcleo de hierro y una primera aproximación a la teoría de su comportamiento, supongamos que todo el flujo se halla confinado en el núcleo magnético de gran permeabilidad y por lo tanto atraviesa todas las espiras de los dos devanados De acuerdo a esta hipótesis, los flujos totales que atraviesan a primario y secundario son:

$$\lambda_1 = N_1 \varphi_1 \qquad (7)$$
$$\lambda_2 = N_2 \varphi_2 \qquad (8)$$

Donde N_1 y N_2 son los números de espiras de primario y secundario y φ es el valor instantáneo del flujo en el núcleo creado por las fuerzas magneto motrices combinadas de las corrientes de primario y secundario. De acuerdo a esto las ecuaciones (1) y (2) pueden escribirse en la forma:

$$v_1 = R_1 i_1 + N_1 \frac{d\varphi}{dt} = R_1 i_1 + e_1 \qquad (9)$$

$$v_2 = R_2 i_2 + N_2 \frac{d\varphi}{dt} = R_2 i_2 + e_2 \qquad (10)$$

Suele convenir considerar la corriente del primario como forma de una componente de excitación $i'\varphi$ y una componente de carga i^1i. Es decir:

$$i_1 = i'_\varphi + i'_L \quad (11)$$

La corriente de excitación $i^1\varphi$ es la componente de la corriente del primero que es suficiente por sí misma para crear el flujo requerido para inducir la fuerza contra electromotriz en el primario y es igual a la intensidad de corriente en vacío correspondiente a unas condiciones en vacío para las cuales el flujo en el núcleo sea el mismo que en la carga. La componente de carga i_L de la corriente del primero crea una fuerza magnetomotriz que se opone y equilibra exactamente a la fuerza magnetomotriz del secundario. Si se toman en el mismo sentido respecto al núcleo los sentidos positivos de la corriente, de primario y de secundario, la relación entre la intensidad de las corrientes de secundario i_2 y la componente de la carga i'_L de la corriente de primario es:

$$N_1 i'L = -N_2 i_2$$

Por tanto, cuando se conecta el secundario a un circuito de utilización, la corriente consumida por la carga origina una variación compensadora de la corriente de primario.

1.1.2 Transformador ideal:

El moderno transformador con núcleo de hierro puede considerarse en mucha aplicaciones como un dispositivo transformador perfecto. En la forma más sencilla de la teoría del transformador se supone que:

1) Son despreciables las resistencias de los devanados

2) Son despreciables. las perdidas en el núcleo

3) El flujo magnético total atraviesa todas las espiras de ambos devanados

4) La permeabilidad del núcleo es tan elevada que con una fuerza magnetomotriz despreciable se consigue el flujo necesario.

5) Las capacidades de los devanados son despreciables.

Es decir, se supone que el transformador tiene unas características que lo aproximan a un transformador ideal, sin pérdidas, sin fugas magnéticas y sin corriente de excitación.

De acuerdo a las hipótesis 1 y 3, las ecuaciones (9) y (10) se reducen para un transformador ideal a

$$v_1 = e_1 = N_1 \frac{d\varphi}{dt} \qquad (16)$$

$$v_2 = e_2 = N_2 \frac{d\varphi}{dt} \qquad (17)$$

Donde φ es el flujo resultante creado por la acción simultánea de sus corrientes de primario y secundario, luego:

$$\frac{v_1}{v_2} = \frac{N_1}{N_2} \qquad (18)$$

Así para un transformador ideal, las tensiones instantáneas entre terminales son proporcionales a los números de espiras de los devanados y sus formas de onda son exactamente iguales. Además cuando se recorren los devanados de la figura 1-2, desde los terminales marcados con punto hasta los terminales sin marcar, el núcleo se halla rodeado en el mismo sentido por ambos devanados y por tanto, para un transformador ideal, las tensiones entre los terminales de primario y secundario están en concordancia de fase cuando se toman sus sentidos positivos en los sentidos indicados por los signos + y − de las figuras 1-2. Es decir, en un instante cualquiera, el terminal del primario marcado con un punto, tiene en realidad la misma polaridad positiva que el terminal del secundario marcado con un punto.

Según las hipótesis 2 y 4, la fuerza magnetomotriz necesaria para crear el flujo resultante en nula. La fuerza magnetomotriz total es la resultante de los amperes − espiras de primario y secundario y por tanto, si se toman los sentidos positivos de las corrientes de primaria y secundaria en el mismo sentido respecto del núcleo, como en la figura 1-2

$$N_1 i_1 + N_2 i_2 = 0 \qquad (19)$$

Es decir, para un transformador ideal, la corriente de excitación es nula y por tanto en virtud de la ecuación (11), la corriente del primario coincide con su componente de carga y la ecuación (12) se reduce a la (19) para un transformador ideal.

$$\frac{i_1}{i_2} = -\frac{N_2}{N_1} \qquad (20)$$

El signo menos de la ecuación (20) indica que las corrientes crean fuerzas magnetomotrices de sentido opuesto.

Multiplicando la ecuación (18) por la (20)

$$\frac{v_1 / i_1}{v_2 / i_2} = -1 \quad (21)$$

Es decir, para un transformador ideal, las potencia instantáneas en primario y secundario son numéricamente iguales. El signo menos demuestra que, mientras el secundario entrega potencia al circuito de utilización, el primero absorbe potencia del generador.

Dividiendo la ecuación (18) por la (20) se tiene:

$$\frac{v_1 / i_1}{v_2 / i_2} = -\left(\frac{N_1}{N_2}\right)^2 \qquad (22)$$

$$\frac{v_1}{i_1} = -\left(\frac{N_1}{N_2}\right)^2 \frac{v_2}{i_2} \qquad (23)$$

Si se conecta al secundario una carga resistiva R_L, como se indica en la figura 1-2, la corriente instantánea que circula por la carga tiene el mismo sentido que la caída instantánea de potencia en la carga. Si es V_2 la tensión entre terminales del secundario de la figura 1-2 la intensidad que atraviesa la carga es i_L

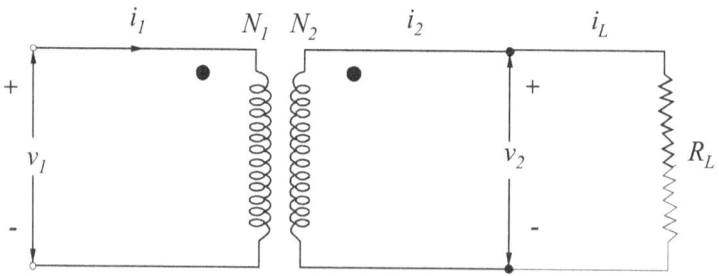

Figura 1-2 Esquema simplificado de un transformador.

Observando que en la figura 1-2

$$i_L = -i_2 \qquad (24)$$

Luego

$$v_2 = R_L i_L = R_L i_2 \qquad (25)$$

O sea

$$\frac{v_2}{-i_2} = R_L \qquad (26)$$

De las ecuaciones (23) y (26)

$$\frac{v_1}{i_1} = \left(\frac{N_1}{N_2}\right)^2 R_L \qquad (27)$$

Así en la parte del primario, la combinación de la carga y el transformador equivalen a una resistencia conectado en el circuito primario.

$$R_L' = \left(\frac{N_1}{N_2}\right)^2 R_L \qquad (28)$$

Este resultado puede extenderse a un transformador ideal con una impedancia Z_L conectada a los terminales del secundario.

1.1.3 Inductancia de dispersión.

Consideremos un transformador con núcleo de hierro que suministre potencia a una carga, tal como lo indica en la figura 1-3. En muchas aplicaciones de los transformadores en sistemas de telecomunicaciones se encontrará este circuito.

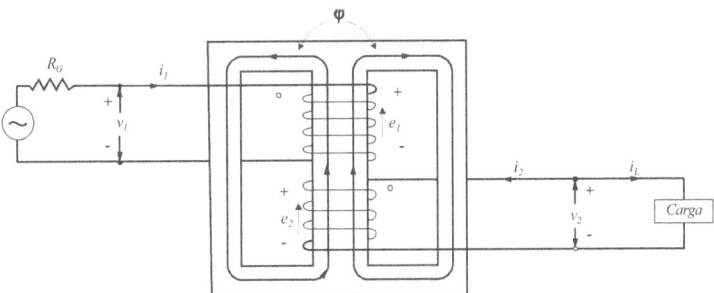

Figura 1-3 circuito en que una carga está conectada a un transformador

Supongamos que la fuerza electromotriz e_φ en el generador varíe sinusoidalmente, que el generador tenga una resistencia interna R_g constante, y que la carga tenga características lineales. Salvo por lo que se refiere a los efectos de los armónicos de la corriente de excitación, el circuito en conjunto tiene características lineales. Los armónicos de la corriente de excitación originan caída de tensión armónica en la impedancia interna del generador y en la resistencia e impedancia de dispersión del primario del transformador. Luego, los armónicos hacen que las formas de onda de las tensiones inducidas en el transformador sean diferentes de la forma de onda sinusoidal de la fuerza electromotriz del generador. Si son grandes las armónicas de la corriente de excitación y la impedancia del circuito del primario, la distorsión adquirirá importancia. En los circuitos de potencia, la corriente de excitación y la impedancia del circuito primario suelen ser tan insignificantes que las caídas de tensión armónicas son despreciables. A causa de su complejidad resulta prácticamente imposible una solución precisa que tenga en cuenta las armonicas de la corriente de excitación, por lo que suele suponerse que la corriente de excitación es una onda sinusoidal equivalente en todos los problemas, salvo el relacionado con los efectos a los armónicos. En ese caso puede tratarse el circuito en conjunto mediante métodos vectoriales sencillos.

Cuando se supone que corrientes y tensiones varían sinusoidalmente, las ecuaciones de las tensiones de primario y secundario pueden escribirse en forma vectorial de la siguiente manera:

$$V_1 = (R_1 + jX_{L_1})I_1 + E_1 \quad (29)$$
$$V_2 = (R_2 + jX_{L_2})I_2 + E_2 \quad (30)$$

Donde

V_1 y V_2 son los vectores que representan las tensiones entre
      terminales

E_1 y E_2 son los vectores que representan las tensiones inducidas
      por el flujo mutuo

I_1 e I_2 son los vectores que representan las corrientes

R_1 y R_2 son las resistencias efectivas de los devanados

X_{L_1} y X_{L_2} son las inductancias de dispersion, es decir

$$X_{L_1} \equiv \omega L\ell_1 \quad (31)$$
$$X_{L_2} \equiv \omega L\ell_2 \quad (32)$$

Los sentidos positivos de las corrientes y tensiones de las ecuaciones (29) y (30) están indicados en la figura 1-3.

Un problema que surge frecuentemente en el análisis de sistemas de potencia es el de determinar la tensión que hay que aplicar al primario para mantener entre los terminales del secundario una tensión prefijada conociéndose la carga del secundario y el factor de potencia.

En el estudio que sigue supondremos conocida la tensión entre terminales del secundario, la corriente que por él circula y el factor de potencia de la carga; y habrá que determinar la tensión entre terminales del secundario, la intensidad de corriente que ha de circular por él y el factor de potencia del primario correspondientes a estas condiciones especificadas del lado del secundario. También se suponen conocidas las resistencias, la reactancia de dispersión y la razón del número de espiras y que se disponen de los datos que dan las pérdidas en el núcleo y la corriente de excitación en función de la tensión indicada. La figura 1-4 muestra los diagramas vectoriales construidos en base a las relaciones expresadas en las ecuaciones (29) y (30).

Según la ecuación (29):

$$E_2 = V_2 - I_2(R_2 + jXL_2) \quad (33)$$

En función de la corriente suministrada por la carga I_L

$$E_2 = V_2 - I_L(R_2 + jXL_2) \quad (34)$$

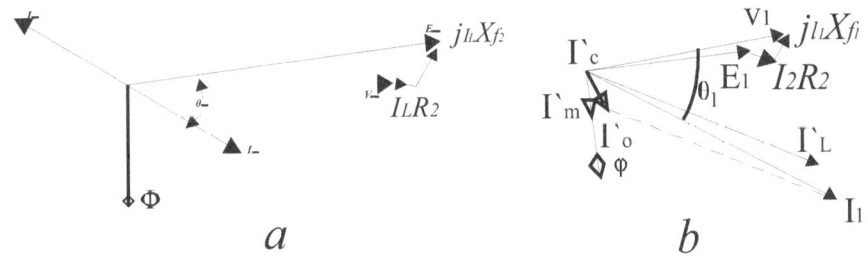

Figura 1-4 Diagrama vectorial de un transformador

Es decir, la fuerza electromotriz E_2 es la suma vectorial de la tensión entre terminantes más la caída de tensión debida a las impedancia interna y a la corriente creada por la fuerza electromotriz, igual que en un generador/En la figura 2-4- se ha representado vectorialmente la ecuación (34) mediante los vectores V_2, I_L, R_2 en fase con I_2; $jX_L I_L$ adelantada 90° respeta a I_2 y la suma vectorial E_2. En la figura 2-4-b pueden verse la corriente del primario y los componentes representados vectorialmente.

Según la ecuación (29) la tensión V_1 entre terminales del primario es la suma de la fuerza contraelectromatriz E_1 indicada por el flujo mutuo resultante y la caída de tensión I_1 $(R_1+j\,X_{L1})$. Las relaciones fundamentales representadas por las ecuaciones (29) y (30), (33) y (34) y los diagramas vectoriales de la figura 2-4 son aplicables al circuito equivalente de la figura 1-5.

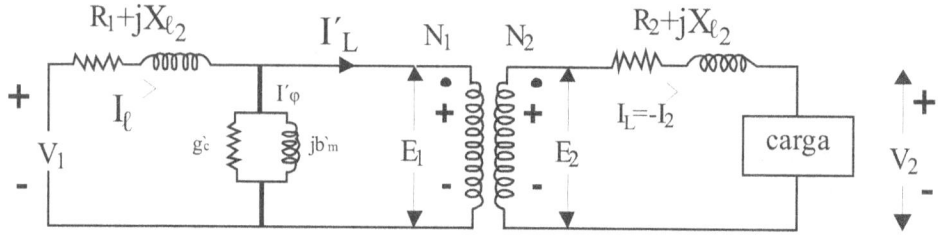

Figura 1-5 circuito equivalente suponiendo pasa la corriente de excitación una onda sinusoidal equivalente.

1.2 ENSAYO DE TRANSFORMADORES

Los ensayos de los transformadores de potencia pueden ser subdivididas en la siguiente forma.

a)   Ensayo de relación de transformación y de fase
b)   Prueba para la determinación del rendimiento convencional y de las variaciones de tensión.
c)   Ensayo de calentamiento.
d)   Ensayo de aislamiento.
e)   Medición de la impedancia homopolar.
f)   Medición de la capacidad de lo arrollamientos
g)   Ensayo de cortocircuito

1.2.1 Parámetros equivalentes de un transformador

Las referencias del esquema representado al representado en la Fig. 1-6 y suponiendo por simplicidad, que para un transformador monofónico se pueden escribir las siguientes relaciones.

$$V_1 = E_1 + Z_1 I_1$$
$$V_2 = E_2 - Z_2 I_2$$

En los cuales V_1 representa la tensión de alimentación, E_1 la fuerza electromotriz inducida y Z_1 la impedancia de dispersión del arrollamiento primario, mientras V_2, E_2 y Z_2 representan, respectivamente, la tensión a los bornes del secundario, la fuerza electromotriz inducida y la impedancia a disposición del secundario. Refiriendo los parámetros al primario y considerando el circuito de la figura 1-4, en la cual se indica con Z_0 la impedancia en vacío del transformador se tiene

$$V_1 = E_1 + Z_1 I_1$$

$$V_2' = E_1 - \frac{Z_2^1 I_2}{R}$$

Donde

$$E_1 = KE_2 \qquad\qquad V_2' = KV_2 \qquad\qquad Z_2' = K^2 Z_2$$

$$K = n_1/n_2$$

Figura 1-6 circuito equivalente de un transformador monofásico de dos arrollamientos.

Si se supone despreciable la corriente magnetizante respeto a la corriente nominal del primario se tiene:

$$V_1 = E_1 + Z_1 I_1$$

$$V_2 = E_1 - \frac{Z_2' I_2}{R}$$

Restando miembro a miembro se tiene

$$V_1 - V_2 = Z_1 I_1 + Z_2^1 I_1 = \frac{(Z_1 + Z_2')}{I_1} = Z_{cc} I_1$$

Por lo cual el circuito equivalente de la figura 1-7 puede ser simplificado en la forma representada en la figura 1-8.

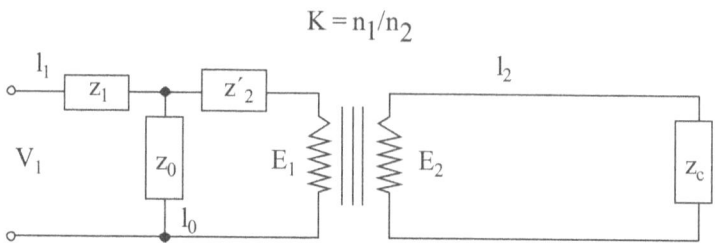

Figura 1-7. Circuito equivalente de un transformador monofásico de dos arrollamientos cuyos parámetros son referidos al primario.

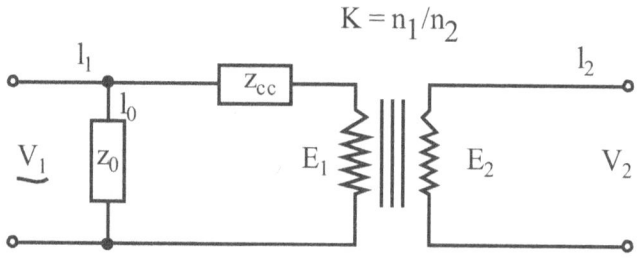

Figura 1-8. Circuito equivalente simplificado de un transformador monofásico de dos arrollamientos.

Examinando este circuito resulta fácil darse cuenta que todas las condiciones del funcionamiento del transformador pueden ser deducidas. Si se conocen los valores de las impedancias Z_0 y Z_{cc}, la parte reactiva de la corriente I_0 es aquella necesaria para magnetizar el núcleo, mientras que la parte activa de la corriente es necesaria para compensar las pérdidas en el hierro debido a la histéresis magnética y a las corrientes parasitas que atraviesan el núcleo laminado.

En el valor de la impedancia de cortocircuito están comprendidas las resistencias de dispersión y las resistencias de los dos arrollamientos, referidas al primario o al secundario.

Los valores de las resistencias se diferencian de aquellas medidas en corriente continua porque tiene en cuenta el funcionamiento en corriente alterna y por lo tanto las pérdidas adicionales.

El conocimiento de la parte activa de las dos impedancias es necesario para el cálculo del rendimiento; el valor de la impedancia de cortocircuito (Z_{cc}) es necesario para poder determinar las variaciones de tensión del secundario a tensión primaria constante, en función de la carga y del factor de potencia de ésta, mientras que el valor de Z_0 es necesario para la determinación de la corriente absorbida en vacío.

El valor de la impedancia en vacío (Z_0) se mide alimentando, a frecuencia nominal, uno de los arrollamientos, dejando el otro abierto y relevando los valores de potencia y de corriente en función de la tensión (prueba en vacío).

El valor de la impedancia en cortocircuito se mide alimentando un arrollamiento con el otro en cortocircuito y relevando los valores de potencia y de tensión en función de la corriente (prueba en cortocircuito).

En el caso de los transformadores de más de dos arrollamientos, el procedimiento es más complejo. El circuito equivalente de un transformador a n arrollamientos es, a los efectos externos, representado mediante una red de impedancias y de n-1 transformadores ideales.

Estos tienen un número de elementos independientes, cuanto son los grados de libertad del sistema y se determinan para la relación

$$\frac{n(n-1)}{2}$$

donde n representa el número de arrollamientos.

Las impedancias que forman el circuito equivalente, son referidas al mismo arrollamiento, y pueden ser deducidas de aquello de cortocircuito binario y en vacíos del transformador, suponiendo de relación unitaria.

La representación resuelta simplificada si la impedancia en vacío (Z_0) es muy grande respecto a la de cortocircuito (Z_{cc}). A la prueba en vacío que permite determinar el valor de la impedancia correspondiente, le deben seguir tantas pruebas en cortocircuito como sea el grado de libertad del sistema. Representan en la figura 1-9 los circuitos equivalentes para transformadores de tres arrollamientos en los cuales los valores de las impedancias son referidas al mismo arrollamiento.

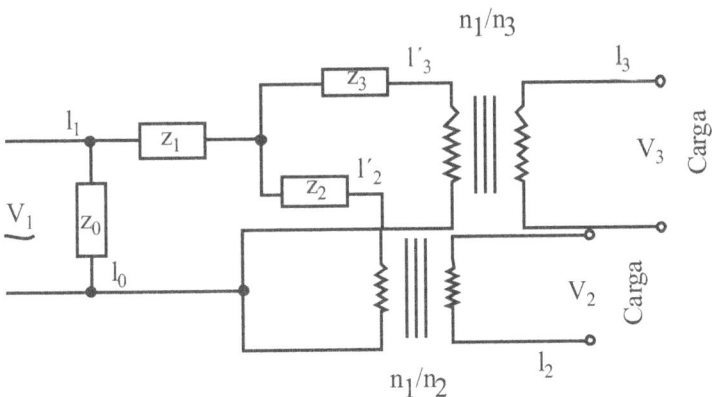

Figura 1-9. Circuito equivalente simplificado de un transformador monofásico de tres arrollamientos.

De la prueba de cortocircuito se obtiene:

$$Z_{12} = Z_1 + Z_2$$
$$Z_{23} = Z_2 + Z_3$$
$$Z_{31} = Z_3 + Z_1$$

Las soluciones de este sistema son:

$$Z_1 = 1/2(Z_{12} + Z_{31} - Z_{23})$$
$$Z_2 = 1/2(Z_{23} + Z_{12} - Z_{31})$$
$$Z_3 = 1/2(Z_{31} + Z_{23} - Z_{12})$$

El valor de Z_0 se determina por la prueba de cortocircuito.

1.2.2 Medición de la relación de transformación

Se define como relación de transformación, entre dos arrollamientos de un transformador de potencia, al número que se obtiene del cociente entre el valor de la tensión primaria y el correspondiente a la tensión secundaria en vacío, cuando el transformador es alimentado por el arrollamiento primario; alta tensión y la frecuencia nominal. La relación de transformación, así definida, no se diferencia demasiado de la relación entre las fuerzas electromotrices, o de aquella entre los números de espiras, teniendo en cuenta las conexiones de los arrollamientos en el caso de los transformadores polifásicos.

Teóricamente, la medición de la relación de transformación debe ser realizada alimentando el transformador a la tensión nominal, condición ésta que presenta algunas dificultades en el caso de transformadores para altas tensiones. Generalmente, la medición se realiza en baja tensión y como la característica de magnetización de un transformador no es lineal se pueden presentar algunos errores debido a que la corriente de magnetización no es proporcional a la tensión aplicada.

La caída de tensión debida a la corriente magnitizante es pequeña por lo que en la medición de la relación de transformación no influye.

El método más simple para la determinación de la relación de transformación es el de la medición directa de las tensiones mediante voltímetros y si es necesario con el auxilio de los transformadores de tensión.

El transformador puede ser alimentado a tensión nominal. Una de las condiciones requeridas en la definición, para el arrollamiento secundario no puede ser considerada funcionando en vacío, a causa de la presencia en el circuito de los instrumentos de medición, cuya consecuencia es un error sistemático que puede ser despreciable si se toma la precaución de utilizar instrumentos de bajo consumo.

La medición de la relación de transformación está ligada a la determinación de la fase de la tensión secundaria respecto a la del primario. En los transformadores monofásicos se trata de establecer en la práctica si la tensión secundaria está en fase o en oposición respecto a la tensión primaria, condición ligada al sentido con que los arrollamientos han sido conectados (horario o anti horario) y a la denominación de los bornes

En el caso de los transformadores trifásicos es necesario establecer el desplazamiento angular entre los sistemas de alta y de baja tensión que depende del tipo de conexiones de los arrollamientos y de la forma en que han sido efectuadas. A los efectos de lograr en forma rápida y precisa la verificación de la relación de transformación y de las conexiones interna de los transformadores industriales se desarrollaron los instrumentos denominados medidores de relación. Estos aparatos han sido construidos en varias etapas, pero por razones de simplicidad describiremos el tipo S. E. B.

Medidor de relación

El aparato está compuesto de un instrumento electrodinámico, cuya bobina fija, cuando el conmutador está en la posición 1, figura 1-10, con una adecuada resistencia en serie, está expuesta a la tensión de alimentación, mientras que la bobina móvil es alimentada por una tensión que, en el diagrama vectorial de la figura 1- 11 está representada por el vector AB, cuyo extremo B, al variar el valor de la resistencia R, se desplaza sobre V_1. Luego variando el valor de la resistencia R, se varía la amplitud y la fase del vector AB y por lo tanto de la corriente Im que circula por la bobina móvil. Si los circuitos de las dos bobinas son compensados, la corriente I_t que circula por la bobina fija estará en fase con la tensión V_1 y el instrumento electrodinámico se encontrará en la condición de cero cuando el vector AB sea normal a V_L.

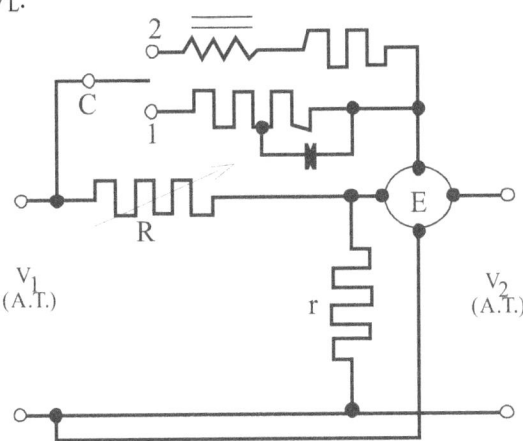

Figura 1-10. Circuito básico de un medidor de relación.

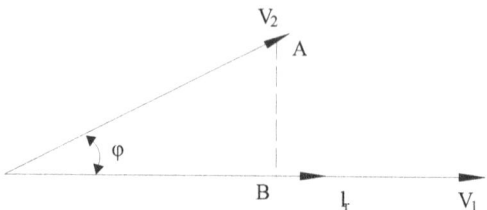

Figura 1-11. Representación vectorial de la tensión aplicada al medidor de relación.

En estas condiciones se verifican las siguientes relaciones

$$\frac{V_1}{V_1 \cos \varphi} = \frac{R_1 + r}{r} = \frac{R_1}{r} + 1 = K_1$$

Si las dos tensiones V_1 y V_2 están en fase, el vector de K_1 representa directamente la relación de transformación.

Si el ángulo entre V_1 y V_2 fuera mayor que 90°, se deberá invertir la conexión del aparato del lado de baja tensión (bornes BT), teniendo en cuenta que el vector V_1 ha sido rotado un ángulo de 180°.

Para obtener el valor del ángulo φ se puede operar como sigue: poniendo el conmutador C en la posición 2 se modifica el circuito usado precedentemente, colocando en serie con la bobina fija una inductancia L de valor conocido y en consecuencia se desfasa la corriente que atraviesa la bobina un ángulo ε fácilmente deducible, porque, para cierta frecuencia, depende de las características del instrumento.

La indicación de cero del instrumento se obtiene cuando la corriente perteneciente al vector AB se encuentra en cuadratura con I_f, es decir que se verifican las siguientes relaciones

$$\frac{V_1}{V_1 \cos(\varphi + \varepsilon)} = \frac{R_2 + r}{R} = \frac{R_2}{r} + 1 = K_2$$

Para obtener el valor de φ será suficiente comparar las relaciones obtenidas

$$\tan \varphi = \frac{K_2 - K_1}{K_2} \tan \varepsilon$$

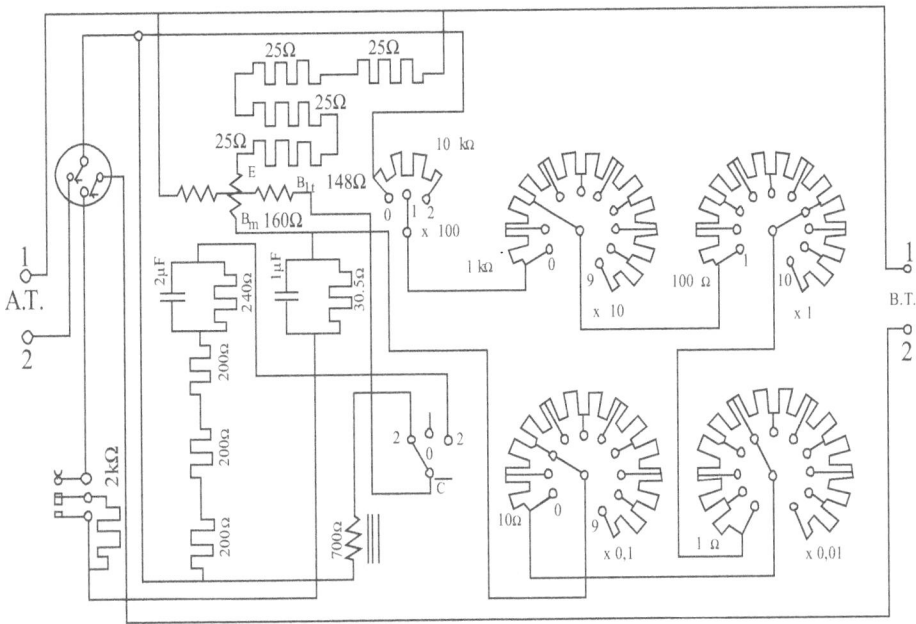

Figura 1-12. Circuito eléctrico de un medidor de relación S. E. B.

Medición de relación en transformadores monofásicos:

La medición de la relación de transformación en los transformadores monofásicos no presenta dificultades mayores luego de lo expuesto. Para obtener el valor cercano se puede usar el método directo (medición con voltímetro) o el que prevé el uso del medidor de relación, mediante el cual es posible verificar en forma exacta también la polaridad de los arrollamientos.

Las conexiones necesarias para obtener la medición con el medidor de relación son expuestas en la figura 1-13

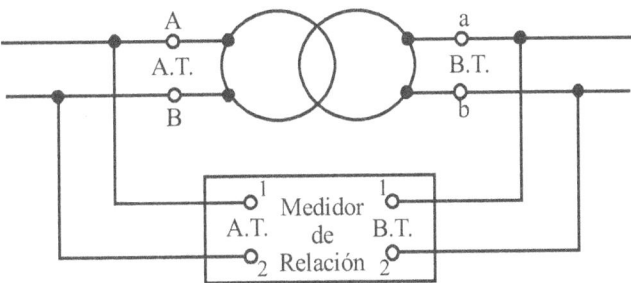

Figura 1-13. Montaje para medir la relación de transformación de un transformador monofásico.

Para realizar la medición es suficiente. contar con una fuente de energía alterna de baja tensión.

Se deberá alimentar el arrollamiento de alta tensión para evitar la manifestación de valores peligrosos de tensión, ya sea para el operador o para el aparato de medición.

Dado que las tensiones primaria y secundaria están en fase o en oposición de fase, es suficiente efectuar una sola medición con el conmutador C en la posición 1.

En el caso de transformadores de más de dos arrollamientos, la medición debe hacerse entre todos los pares posibles de bobinados de alta tensión. La relación entre la tensión intermedia y la baja tensión puede fácilmente determinarse de los valores medidos.

Supongamos que en un transformador de tres arrollamientos se han determinado las relaciones de transformadores entre los bobinados de alta tensión y baja tensión y entre los bobinados de alta y media tensión.

$$entre\ AT\ y\ BT(K_{AT} + BT) = 345$$
$$entre\ AT\ y\ MT(K_{AT} - MT) = 34,5$$

Para obtener el valor de la relación entre MT y BT será suficiente aplicar la siguiente relación

$$KMT - BT = \frac{KAT - BT}{KAT - MT} = \frac{345}{34,5} = 10$$

Si es posible puede efectuarse con medición directa para controlar el valor obtenido.

Determinación de la relación de transformación y verificación del grupo de conexiones en los transformadores trifásicos:

A la determinación a la relación de transformación en los transformadores trifásicos se le pueden agregar la determinación del desplazamiento angular entre los dos sistemas (AT y BT) y el conocimiento del grupo de conexiones convencional al cual pertenece el transformador.

La medición puede efectuarse mediante varios procedimientos según el sistema de tensiones disponible para la medición, del conocimiento del conexionado relativo de los bobinados y de su accesibilidad.

Los métodos más usados son cuatro, de los cuales uno es de uso general y los otros tres son para casos particulares.

Tabla 1-1. Esquemas de conexiones para transformadores trifásicos de dos arrollamientos.

El método general se aplica para la determinación de la relación y del grupo en el caso conexionado no conocido, con alimentación monofásica y baja tensión.

Los otros tres métodos son los preferidos por la rapidez y la comodidad con que se obtienen los resultados, implicando el conocimiento casi completo de las conexiones de los arrollamientos y pueden ser clasificados de la siguiente manera:

1- Con alimentación monofásica, midiendo la relación y determinando la polaridad de cada fase separadamente (deben ser accesibles los extremos de los conductores de fase).

2- Con la alimentación monofásica y conexionado trifásicos de los arrollamientos, eligiendo el par de terminales correspondiente a la alta y baja tensión; esto supone que el transformador tiene los arrollamientos conectados del mismo modo; en el caso contrario y con el transformador conectado en triángulo estrella o estrella triángulo, deberán seguirse oportunos conexionados cortocircuitando dos terminales del arrollamiento en triángulo.

El desfasamiento angular se determina de la disposición del conexionado, de la polaridad y de los resultados de la medición.

3- Con alimentación trifásica y con conexionado trifásico de los arrollamientos. En este caso se debe tener en cuenta el ángulo de desfasamiento existente entre el sistema de vectores del lado de alta tensión y el lado de baja tensión, independientemente del modo de funcionamiento previsto por el transformador.

Determinación de la relación de transformación y grupo de conexiones en transformadores trifásicos con conexionado desconocido y neutro no accesible usando alimentación monofásica

Como fuente de alimentación es suficiente tener a disposición una línea monofásica de baja tensión. Los instrumentos a usar son:

Un voltímetro de alta resistencia interna

Un medidor de relación adoptado a la polaridad de los arrollamientos.

Los bornes del transformador se distinguen por las letras mayúsculas, ABC, para la parte de alta tensión y minúsculas, abc, para la parte de baja tensión.

Para la mejor interpretación de los resultados es necesario efectuar la medición cuando el núcleo se encuentra en las mejores condiciones de magnetización simétrica.

Para obtener estas condiciones se deben alimentar dos bornes del arrollamiento de alta tensión y mediante el uso del voltímetro determinar cual de las tres posibles conexiones de alimentación garantiza la simetría del flujo. La condición se logra cuando el valor de la tensión medida entre alguno de los bornes y el tercero libre resulta el mismo entre ambos casos.

Lograda esta condición y admitiendo que no hay errores en el conexionado interno del transformador, será posible determinar en primera instancia el tipo de conexionado que el fabricante ha adoptado para el arrollamiento de alta tensión. Si el par de terminales que aseguran la magnetización simétrica es AB o BC se puede decir que el arrollamiento está conectado en triángulo o Zigzag, mientras que, si es par el AC, el arrollamiento de alta tensión estará conectado en estrella.

Con el uso del medidor de relación se efectúan mediciones de relación entre el par de bornes que se alimenta y el par correspondiente al arrollamiento de baja tensión anotando en cada caso cuales son los terminales correspondientes en cada medición a los efectos de la polaridad.

Entendiendo como relación de transformación la relación entre las tensiones convencionales de alta y baja tensión se pueden presentar dos casos:

1)   Dos valores de relación iguales y el tercero es el resultante de la suma de los anteriores.

2)   Dos mediciones de igual valor y el tercero es la diferencia entre las precedentes, es decir prácticamente cero.

En el primer caso el valor de la relación entre las tensiones concatenadas en funcionamiento trifásico en vacío, se obtiene del valor mayor medido de las tres pruebas, es decir de la suma de los dos menores.

En este caso el conexionado de alta tensión y el de baja son similares. El desfasamiento angular entre los dos sistemas y el grupo de conexiones pueden ser identificados utilizando la tabla 1-2.

Tabla 1-2. Determinación del desfasamiento angular y del grupo de conexiones usando el medidor de relación en transformadores trifásicos conectados en modo similar.

Pares de terminales de BT con los cuales se ha medido la relación mayor			Desfasamiento angular entre AT y BT en °	Grupo
Aliment. A-B	Aliment. B-C	Aliment. C-A		
a-b	b-c	c-a	0°	0
c-b	a-c	b-a	60°	2
c-a	a-b	b-c	120°	4
b-a	c-b	a-c	180°	6
b-c	c-a	a-b	240°	8
a-c	b-a	c-b	300°	10

En el segundo caso, el valor de la relación entre las tensiones en el funcionamiento trifásico en vacío del transformado viene dado por la suma de dos mediciones iguales entre sí divididas por $\sqrt{3}$.

El conexionado interno de los arrollamientos de alta y de baja tensión es diverso.

El valor del desfasamiento angular, entre los dos sistemas y del grupo de conexiones puede ser obtenido de la tabla 1-3.

Tabla 1-3. Determinación del desfasamiento angular y del tipo de conexiones obtenidas con el medidor de relación en transformadores trifásicos conectados en modo diverso.

Pares de terminales entre las cuales se han medido valores de relación casi iguales						Desfasamiento angular entre AT y BT en °	Grupo
Aliment. A-B		Aliment. B-C		Aliment. C-A			
a-b	c-b	b-c	a-c	c-a	b-a	30°	1
c-b	c-a	a-c	a-b	b-a	b-c	90°	3
c-a	b-a	a-b	c-b	b-c	a-c	150°	5
b-a	b-c	c-b	c-a	a-c	a-b	210°	7
b-c	a-c	c-a	b-a	a-b	c-b	270°	9
a-c	a-b	b-a	b-c	c-b	c-a	330°	11

Determinación de la relación de transformadores y del grupo de conexiones en transformadores trifásicos mediante la medición de relación por columna

El método resulta de fácil empleo cuando se tiene a disposición los conexionados de los arrollamientos abiertos y es posible realizar la medición de la relación de transformación por columna, conectando los bornes del medidor de relación en los cuatro terminales correspondientes.

El método es empleado por los fabricantes de transformadores para la necesaria verificación en el proceso de fabricación. Una medición de este tipo suele efectuarse en transformadores con los arrollamientos conectados dado que son accesibles los puntos neutros y se conoce el tipo de conexionado.

En este caso se deberá alimentar una de las columnas del arrollamiento de alta tensión con tensión monofásica y comparar con el medidor de relación. la correspondiente tensión relevada de los arrollamientos de alta tensión y de baja relativas a la columna no excitada

Este método no es aplicable en el caso de conexionado zig-zag.

1° Caso. Conexionado triángulo/ estrella con neutro

Se supone que se debe medir la relación de transformación de un transformador perteneciente al grupo D y 11.

El esquema de conexionado es el mostrado en la figura 1-14 en la cual los bornes de los arrollamientos son identificados de acuerdo a norma.

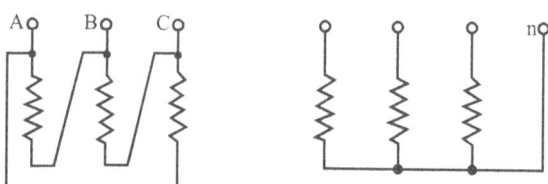

Figura 1-14. Esquema de un transformador trifásico perteneciente al grupo D y 11.

Para la medición se alimentan los bornes AB conectados a los del medidor de relación la tensión de alimentación AB y aquellas de baja tensión relevada a las terminales **a n.**

El valor de la relación (K_1) que se obtiene es el referido a una columna. Se repite la medición siguiendo la rotación cíclica de los bornes y relevando sucesivamente los valores correspondientes a las otras columnas. Los valores medidos deben ser prácticamente iguales, de modo de poder obtener la media aritmética El valor de la relación entre las tensiones concatenadas se obtiene dividiendo por $\sqrt{3}$ el resultado de la media aritmética obtenida.

Con el mismo procedimiento puede determinar la relación de transformación para máquinas pertenecientes a grupos diversos del tomado como ejemplo, pero con el mismo tipo de conexionado.

2° Caso. Conexionado estrella con neutro / triángulo.

Se supone que debe medirse la relación de transformación de un transformado perteneciente al grupo Y d 11.

El esquema del conexionado es el representado en la figura 1-15.

Para la medición se alimentan los bornes AN, conectando los de prueba del medidor de relación de la tensión de la tensión de alimentación AN y aquello de baja tensión elevada a las terminales a c.

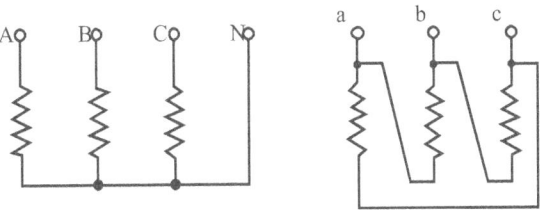

Figura 1-15. Esquema de un transformador trifásico perteneciente al grupo YdN.

El valor de relación que se obtiene es el que corresponde a una columna. Se repite la medición siguiendo la rotación cíclica y relevando, sucesivamente los valores de la relación relativos a las otras columnas. Los valores medidos deben prácticamente coincidir; de allí se calcula la media aritmética.

En la medición de la relación, usando el método indicado, se debe prestar atención que el valor presunto de la tensión de fase del arrollamiento estrella sea mayor que el de la tensión concatenada del arrollamiento de BT, dado que entre estas tensiones se efectúa la medición de la relación.

Una condición diferente se verifica cuando la relación de transformación, entre las tensiones concatenadas, tiene un valor inferior a $\sqrt{3}$. En este caso se debe alimentar el arrollamiento en triángulo.

Utilizando los métodos descriptos, la determinación del grupo convencional a que pertenece el transformador queda implícitamente determinado en base a los esquemas constructivos y diagramas vectoriales de los sistemas de alta y de baja tensión.

Determinación de la relación de transformación y del grupo de conexiones en los transformadores trifásicos con neutro no accesible y alimentación monofásica.

En el caso de los transformadores con conexionado Δ / λ o λ / Δ con neutro no accesible, la medición del valor de relación de transformación y la determinación del grupo a que pertenece puede lograrse mediante una línea de alimentación monofásica y con una columna definida del arrollamiento en triángulo cortocircuitado.

Es evidente que para realizar la medición se debe determinar cual de los dos arrollamientos está conectado en triángulo.

La medición se debe realizar con el medidor de relación.

La tensión debe ser aplicada a los dos terminales de arrollamiento de alta tensión. El medidor de relación debe ser conectado a los bornes de alimentación y a los bornes correspondientes al arrollamiento de baja tensión, respectivamente, según corresponda.

En el caso que no se logre poner a cero el instrumento indicador del medidor, se debe invertir la conexión del arrollamiento de alta tensión, teniendo en cuenta esta operación.

En el arrollamiento en triángulo es necesario poner en corto circuito, en dos pruebas sucesivas, alguno de los bornes elegidos para la medición, quedando el tercero libre, de lo que se deduce que deberán determinarse dos valores con el medidor de relación, uno para cada condición de corto circuito. A los valores así obtenidos los denominaremos K_1 y K_2.

La prueba debe ser completada mediante mediciones del mismo tipo para cada una de las duplas de terminales con una permutación cíclica de los arrollamientos.

1° Caso. Conexionado estrella- triángulo (λ / Δ).

Se debe realizar la medición valiéndose de las indicaciones de la tabla 1-4 en la cual se han resumido todos los elementos necesarios para la ejecución de la primera parte de la medición y los resultados obtenidos.

Tabla 1-4. Medición de la relación de transformación y determinación del grupo para transformador estrella triángulo con neutro no accesible.

Alimentación (lado AT)	Conexionado y medición al medidor de relación	1ª Prueba		2ª Prueba		Relación de transformación	Grupo Convencional
		Corto Circuito	Relación Medida	Corto Circuito	Relación Medida		
A-B	A-B/a-b	b-c	K1	c-a	K2=2K1	$\sqrt{3}\,K1$	1
A-B	A-B/b-a	b-c	K1	c-a	K2=2K1	$\sqrt{3}\,K1$	7
A-B	A-B/a-b	b-c	K1	c-a	$K2=\dfrac{2K1}{2}$	$\sqrt{3}\,K2$	11
A-B	A-B/b-a	b-c	K1	c-a	$K2=\dfrac{2K1}{2}$	$\sqrt{3}\,K2$	5

Para la determinación de la relación de transformación incluso con el resguardo de los otros pares de terminales, se procede en modo análogo, permutando cíclicamente las conexiones de alimentación y del medidor de relación de acuerdo a lo expuesto en la tabla 1-5.

Tabla 1-5. Permutaciones cíclicas del conexionado de alimentación y del medidor para transformadores estrella/ triángulo.

Alimentación (lado AT)	Medición al Medidor de relación	Corto circuito	
		1ª Prueba	2ª Prueba
A- B	A-B/ a-b (A-B/b-a)	b-c	c-a
B- C	B-C/ b-c (B-C/c-b)	c-a	a-b
C-A	C-A/c-a (C-A/a-c)	a-b	b-c

La ejecución de las mediciones en esta segunda parte de las pruebas, puede ser limitada al valor de K_1 o de K_2 que surgen, en la medición de la relación de transformación, como está indicado en la tabla 1-4, tratándose de una operación de verificación.

2º Caso. Conexionado triángulo estrella (Δ / λ)

La medición se realiza siguiendo los indicadores de la tabla 1-6

Tabla 1-6. Medición de la relación de transformación y determinación del grupo de conexiones para transformadores triángulo estrella con neutro no accesible

Alimentación (lado AT)	Medición al medidor de relación	1ª Prueba		2ª Prueba		Relación de trans formación	Grupo convencional
		Corto Circuito	Relación Medida	Corto Circuito	Relación Medida		
A-B	A-B/ a-b	B-C	K_1	C-A	$K_2 = \frac{K_1}{2}$	$K_1 / \sqrt{3}$	11
A-B	A-B/ b-a	B-C	K_1	C-A	$K_2 = \frac{K_1}{2}$	$K_1 / \sqrt{3}$	5
A-B	A-B/a-b	B-C	K_1	C-A	$K_2 = 2 K_1$	$K_2 / \sqrt{3}$	1
A-B	A-B/b-a	B-C	K_1	C-A	$K_2 = 2 K_1$	$K_2 / \sqrt{3}$	7

Para la determinación de la relación de transformación se procede en forma análoga permutando cíclicamente los terminales de alimentación y de conexión del medidor de relación según lo indicado en la tabla 1-7.

Tabla 1-7. Permutaciones cíclicas del conexionado de alimentación y del medidor de relación para transformador triángulo/ estrella.

Alimentación (lado AT)	Medidor de relación	Corto circuito	
		1ª Prueba	2ª Prueba
A-B	A-B/a-b (A-B/b-a)	B-C	C-A
B-C	B-C/ b-c (B-C/c-b)	C-A	A-B
C-A	C-A/c-a (C-A/a-c)	A-B	B-C

La ejecución de la medición en esta segunda fase de la prueba, puede ser limitada a los valores K_1 ó K_2 que surgen de la medición de la relación de transformación como lo indicado en la tabla 1-6 tratándose solo de una operación de verificación.

Determinación de la relación de transformación y del grupo de conexiones en los transformadores trifásicos obtenidos con alimentación trifásica.

La medición de la relación de transformación y la determinación del grupo de conexiones respectivo en los transformadores trifásicos, pueden ser realizadas con alimentación trifásica. Este método es particularmente útil cuando se trata de realizar la medición sobre máquinas conectadas en zig-zag. En líneas generales, la medición puede ser efectuada alimentando, en trifásica, el arrollamiento de alta tensión y conectando el medidor de relación con dos terminales a la alta tensión y con dos terminales a la baja tensión correspondientes. Las tensiones comparadas no están generalmente en fase entre sí y se hace necesario efectuar la medición en dos partes; la primera con el conmutador C en 1 y la segunda con el conmutador en 2.

De la primera medición se obtiene el valor de la relación K_1, según la relación:

$$K_1 = \frac{V_1}{V_2 \cos \varphi}$$

en la cual φ representa el ángulo de desfasamiento entre las dos tensiones.

Como se ha mencionado anteriormente si φ es superior a 90°, para poder llevar a cero el instrumento indicador se debe invertir la conexión de baja tensión del medidor de relación, tomando nota de este hecho.

Poniendo el conmutador en la posición 2 se obtiene el valor de K_2 obteniendo la relación:

$$K_2 = \frac{V_1 \cos \varepsilon}{V_2(\cos \varphi + \varepsilon)}$$

se determina el valor de tan φ de la relación

$$\tan \varphi = \frac{K_2 - K_1}{K_2} \tan \varepsilon$$

Si de la relación se obtiene un resultado positivo, significa que V_2 está en adelanto con V_1, en el contrario V_2 está en retraso V_1.

Conociendo el valor de cos φ en la relación.

$$K_1 = \frac{V_1}{V_2 \cos \varphi}$$

Se puede calcular el valor de la relación de transformación con la fórmula

$$\frac{V_1}{V_2} = K_1 \cos \varphi$$

Por lo expuesto hasta ahora, en principios generales, es aconsejable cuando sea posible, conectar el medidor de relación a los terminales de los cuales sea posible obtener tensiones en fase entre ellos, eligiendo adecuadamente entre los que están disponibles. Esta condición se puede lograr fácilmente en transformadores conectados en triángulo-triángulo, estrella-estrella y triángulo-zig-zag. $(\Delta\ /\ \Delta), (\lambda\ /\ \lambda), (\Delta\ /\ \lambda)$

En el caso de los transformadores conectados en triángulo-estrella, estrella-triángulo y estrella- zigzag $(\Delta\ /\ \lambda), (\lambda\ /\ \Delta), (\lambda\ /\ \lambda)$ las tensiones en fase, a conectar en el medidor, solo se pueden obtener en el arrollamiento en estrella o zigzag sí el punto neutro es accesible.

El método supone el conocimiento previo del grupo de conexiones.

1)   Medición de la relación de transformación en un transformador perteneciente al grupo D y 11 .

Los arrollamientos primario y secundario pueden ser esquematizados como en la tabla 1-1.

Se alimentan los terminales ABC de los arrollamientos de alta tensión trifásica y se comparará en el medidor de relación las tensiones obtenidas conectando con las terminales de AT y BT, respectivamente A-B y a-n; sucesivamente comparando B-C con b-n y C-A con c-n, manteniendo el conmutador en la posición 1pasando el conmutador a la posición 2, el indicador debe permanecer en la posición cero, en caso contrario el transformador no pertenece al grupo 11.

El valor de la relación de transformación entre las tensiones concatenadas en vacío se obtiene dividiendo por $\sqrt{3}$ la media aritmética de las tres medidas, que deben resultar sensiblemente iguales entre ellas.

2)   Medición de la relación de transformación en un transformador perteneciente al grupo Y d 11.

Se alimentan los terminales ABC del arrollamiento primario con alimentación trifásica y se comparan sucesivamente en el medidor de relación las tensiones obtenidas de las conexiones con A-N/a-c, B-N/b-a y C-N/c-b, manteniendo el conmutador en la posición 1. Pasando el conmutador en la posición 2, debe mantenerse la condición de cero en el indicador, caso contrario el transformador no pertenece al grupo 11.

El valor de la relación de transformación entre las tensiones concatenadas en vacío se obtiene multiplicando por $\sqrt{3}$ la media aritmética de los valores obtenidos que deben resaltar sensiblemente iguales entre sí.

En la tabla 1-8 se consignan los grupos convencionales de empleo más frecuente y la denominación de los bornes que deben ser conectados al medidor de relación para la comparación de las tensiones entre sí en fase.

Tabla 1-8. Denominación de los bornes a conectar el medidor de relación para comparar las tensiones en fase del grupo convencional.

GRUPO	Terminales donde debe conectarse el medidor		
Dd 0 – Yy 0 –Dz 0	A-B/a-b	B-C/b-c	C-A/c-a
Dy 1	A-C/a-n	B-A/b-n	C-B/c-n
Yd 1 – Yz 1	A-N/a-b	B-N/b-c	C-N/c-a
Dy 5	A-B/n-a	B-C/n-b	C-A/n-c
Yd 5 – Yz 5	A-N/c-a	B-N/a-b	C-N/b-c
Dd 6 – Yy 6 – Dz 6	A-B/b-a	B-C/c-b	C-A/a-c
Dy7	A-C/n-a	B-A/n-b	C-B/n-c
Yd 7 – Yz 7	A-N/b-a	B-N/c-b	C-N/a-c
Dy 11	A-B/a-n	B-C/b-n	C-A/c-n
Yd 11 – Yz 11	A-N/a-e	B-N/b-a	C-N/c-b

1.2.3 Determinación del rendimiento y de la variación de tensión

La determinación del rendimiento, en un transformador de potencia puede ser efectuada con el método directo o indirecto.

El rendimiento convencional de un transformador de potencia debe ser determinado para las condiciones de funcionamiento normales; y los resultados que se obtuvieron en condiciones diferentes a las normales deben ser referidos a las condiciones normales de funcionamiento.

Las pérdidas que se deben considerar para la determinación del valor del rendimiento en los transformadores de potencia de dos arrollamientos son los siguientes:

-       pérdidas en el hierro;
-       pérdidas por resistencia de los arrollamientos;
-       pérdidas adicionales.

Las pérdidas en el hiero se miden con el arrollamiento secundario a circuito abierto, para valores normales de la frecuencia y de la tensión primaria (o secundaria a circuito abierto).

Las pérdidas por resistencia en los arrollamientos, se calculan en base al valor de la resistencia media medida en corriente continua, referida a 75° C de temperatura. Las corrientes de referencia para las condiciones de plena carga son las nominales del arrollamiento, deducidas de la relación entre el valor de la potencia nominal y el valor de la tensión en vacío, un coeficiente que depende del número de las fases del sistema eléctrico para el cual ha sido construido el transformador (1 si es monofásico, $\sqrt{3}$ si es trifásico).

Las pérdidas adicionales son deducidas de la prueba de corto circuito y deben ser referidas a 75° C, haciendo variar en proporción inversa a la variación de los valores de resistencia, en función de la corriente.

Para los transformadores de tres arrollamientos, las pérdidas a considerar para la determinación del rendimiento convencional son:

-       pérdidas en el hierro;
-       pérdidas en los arrollamientos.

Las pérdidas en el hierro se hacen a circuito secundario abierto según se ha dicho para los transformadores de dos arrollamientos.

Las pérdidas en los arrollamientos se calculan en base a la resistencia equivalente de los arrollamientos, deducidos de la prueba en cortocircuito binario; las corrientes en los tres arrollamientos deben ser consideradas refiriéndose a una determinada condición de carga y por lo tanto con valores y fase tales que la resultante de los correspondientes amperes-espitas sea nula.

Refiriéndose a la determinación del rendimiento convencional, en los transformadores de potencia puede ser lograda a través de la evaluación de los resultados de las siguientes pruebas:

-   medición de la resistencia Óhmica
-   prueba en vacío;
-   prueba en corto circuito.

Teniendo en cuenta que el número de pruebas en cortocircuito a realizar es igual a las posibles combinaciones , de dos a dos, de los arrollamientos, mientras que para los transformadores de dos arrollamientos es suficiente una sola prueba en cortocircuito; para los de tres son necesarias tres pruebas binarias.

Medición de la resistencia óhmica

La medición de la resistencia óhmica de los arrollamientos de los transformadores, se realiza en general usando el método voltaperimétrico, el método de puente o por comparación.

La medición de resistencia se efectúa sobre un circuito fuertemente inductivo, por lo cual hay que tratar de evitar que las sobretensiones que se manifiestan a los bornes en prueba del transformador, como consecuencia del transitorio de cierre y de apertura del circuito de alimentación, no provoquen daños en los instrumentos.

Es necesario prestar mucha atención, especialmente en la apertura, porque en los bornes del transformador pueden aparecer tensiones transitorias que superan varias veces el valor del régimen.

El intervalo de tiempo en el cual se manifiestan las condiciones transitorias, puede ser más o menos prolongado y para dar una idea sobre este punto consideremos el esquema de la figura 1-15.

En un circuito así formado y alimentado con corriente continua, la condición de régimen eléctrico se verifican cuando se cumple la condición.

$$I = \frac{V}{R}$$

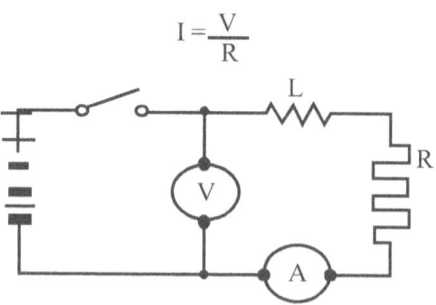

Figura 1- 15. Circuito inductivo al cual se le aplica una tensión continua en escalas.

Cuando se cierra el interruptor, la corriente no puede tomar inmediatamente su valor de regímenes debido a la presencia de la inductancia.

En el circuito magnético concatenado con las espiras del inductor, el flujo debe pasar del valor cero al valor del régimen, provocando mediante esta variación, una fuerza electromotriz de autoinducción que según la ley de Lenz, tiende a oponerse a la causa que le dio origen y estabilizar la corriente en el circuito.

El circuito de la figura 1-15 está regido por las ecuaciones diferenciales.

$$V = L\frac{di}{dt} + R_i$$

Por medio del cálculo integral se puede encontrar la distribución de los valores de la corriente en función del tiempo

$$L = \frac{V}{R}\left(1 - e^{-\frac{R}{L}t}\right)$$

La representación gráfica de esta función se muestra en la figura 1-16. La curva tiene un andamiento ascendente y su pendiente decrece progresivamente tendiendo a cero, mientras la ordenada tiene el valor $\frac{V}{R}$

La expresión de la corriente en función del tiempo, presenta una analogía con la relativa al transitorio térmico de un cuerpo homogéneo.

En este caso la tangente de la curva referida a la ordenada $\frac{V}{R}$, es constante y se define como constante de tiempo del circuito $T = \frac{L}{R}$.

por lo tanto la relación puede ser modificada en $L = \frac{V}{R}\left(1 - e^{-\frac{t}{T}}\right)$.

El fenómeno transitorio se considera extinguido cuando ha transcurrido un tiempo de 5 a 6 veces la constante de tiempo T. De lo expresado se deduce que la ejecución de una medición de resistencia será correctamente realizada, solamente cuando se ha logrado la condición de régimen eléctrico del circuito, por lo cual debe transcurrir un tiempo, desde el cierre del circuito hasta la medición, de 6 veces la constante de tiempo.

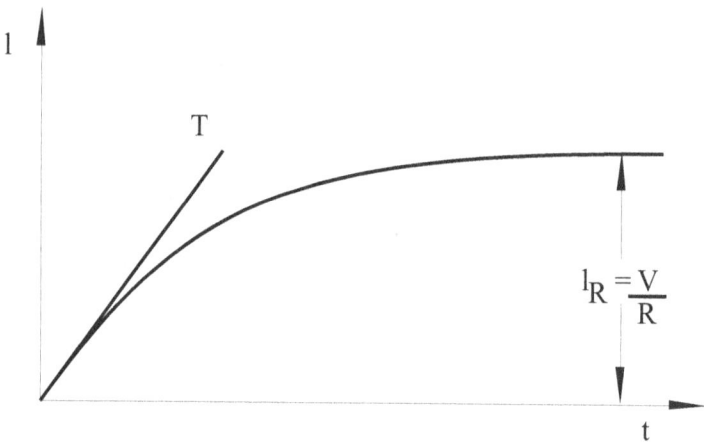

Figura 1-16. Representación gráfica de la curva de respuesta transitorio del círculo de la figura 2-15.

Los valores de la inductancia y de la resistencia en los transformadores son tales, que pueden conformar una constante de tiempo que supere el primer minuto. Evidentemente que esto representa una notable dificultad cuando es necesario realizar una medición en un tiempo breve, como en el caso de la prueba de calentamiento. Esta dificultad puede ser superada aceptablemente colocando una resistencia en serie con el circuito, cuyo valor sea tal que disminuye la constante de tiempo $\frac{L}{R}$.

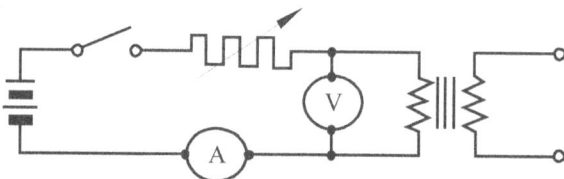

Figura 1-17. Circuito para la medición de la resistencia de un arrollamiento.

El circuito que es necesario implementar para la medición de la resistencia en el mostrado en la figura 1-17 que se refiere a la medición en un transformador monofásico.

Es recomendable realizar la medición cortocircuitando el arrollamiento que no interesa con lo que se atenúa el transitorio ligado a la inducción mutua.

La medición de la resistencia se efectúa con la máquina en frío, a decir con los arrollamientos a la temperatura ambiente.

La temperatura de referencia se establece a partir del valor medio de las lecturas de un cierto número de termómetros colocados sobre la máquina.

Para transformadores con aislamiento por aire , los termómetros deben ser colocados directamente sobre los arrollamientos, mientras que para aquellos con aislación por aceite, es decir que poseen recipiente de aceite, los termómetros deben ser colocados donde el fabricante lo indique.

El valor de la corriente circulante en los arrollamientos, no debe superar el 10% del valor nominal a los efectos de evitar el calentamiento de los arrollamientos.

El valor de la resistencia (R_1) resultante de la medición, de acuerdo al procedimiento descripto y a la temperatura ambiente debe ser corregido, para el cálculo de las pérdidas óhmicas, a la temperatura de referencia deseada aplicando la siguiente fórmula:

$$R_2 = R_1 \frac{234,5 + t_1}{234,5 + t_2}$$

La medición de la resistencia óhmica de los arrollamientos en los transformadores monofásicos no presenta dificultades particulares. Esta medición se realiza necesariamente sobre los diversos arrollamientos, independientes uno de otro, siguiendo la metodología expuesta. Debido a que los resultados obtenidos son necesarios para la determinación de las pérdidas en cortocircuito, es necesario referir al mismo arrollamiento, el resultado obtenido en un dupla de arrollamientos. Consideramos un ejemplo práctico de un transformador de potencia monofásico, de dos arrollamientos, con una relación de transformación K.

Habiendo obtenido de la medición de la resistencia los valores de R_1 para el arrollamiento primario y de R_2 para el secundario, el valor de las pérdidas óhmicas puede ser deducido de la siguiente relación:

$$P = R_1 I_1^2 + R_2 I_2^2$$

recordando que $I_1 = K I_2$

La relación puede transformarse en $P = (R_1 + K^2 R_2) I_1^2$

El término $(R_1 + K^2 R_2)$ se denomina resistencia equivalente reducida al primario. Para reducir al primario la resistencia del arrollamiento secundario, valor R_2 ha sido multiplicado por la relación de transformación.

Medición de la resistencia óhmica en los transformadores trifásicos

Mientras en los transformadores monofásicos, la determinación del valor de la resistencia efectiva no presenta dificultades mayores, en los transformadores trifásicos es necesario tener en cuenta elementos no considerados en el primer caso, la medición debe ser realizada en los terminales de línea de simple arrollamiento y en base a la media aritmética de los resultados obtenidos de la medición sobre los tres pares de terminales, es posible, conociendo el grupo de conexiones del arrollamiento, obtener el valor medio por fase de la resistencia. La media aritmética puede ser utilizada en cuanto las tres fases sean prácticamente iguales, y los resultados de la medición no difieren demasiado.

Un arrollamiento trifásico conectado en estrella o zig-zag, el valor medio de la resistencia de cada fase se obtiene dividiendo por dos el valor obtenido de la media aritmética del valor medido sobre el par de terminales.

En un arrollamiento trifásico conectado en triángulo el valor medio de la resistencia de una columna se obtiene multiplicando por 1, 5 el valor obtenido de la media aritmética a los valores medidos sobre el par de morcetos

En el desarrollo del cálculo se deben tener en cuenta dos casos:
-       arrollamientos conectados en estrella o zig-zag;
-       arrollamientos conectados en triángulo.

En el primer caso, indicando con R_t la resistencia por fase y con R_M la resistencia media obtenida de acuerdo a la media aritmética de los valores obtenidos sobre el par de terminales, el valor de la pérdidas por la corriente I está dado por la siguiente expresión:

$$P = 3R_f I^2 = 1,5 R_M I^2$$

Mientras que en el segundo caso tenemos

$$P = 3R_f \frac{I^2}{3} = 1,5 R_M I^2$$

Como es posible observar para ambos casos, la relación necesaria por el cálculo es:

$$P = 1,6 R_M I^2$$

La relación puede ser escrita

$$P = Reg\, I^2$$

En la cual $Reg = 1,5R_M$ se define como en los transformadores monofásicos, como valor de la resistencia equivalente del arrollamiento considerado.

Para el cálculo de las pérdidas óhmicas relativas a un par de arrollamientos puede ser realizado también refiriendo los valores de resistencia a uno de los arrollamientos, usando el mismo criterio expuesto para los transformadores monofásicos.

Considerando un transformador de potencia trifásico de dos arrollamientos, como una relación de transformación referida a las tensiones concatenadas de valor K, las pérdidas óhmicas complejas (Pt) resaltan de las relaciones.

$$Pt = ReqI_1^2 + ReqI_2^2$$

Siendo

$$I_2 = KI_1, queda$$
$$Pt = (R_1eq + K^2R_2eq)I_1^2$$

El término $(R_1eq + K^2R_2eq)I_1^2$ se denomina resistencia equivalente monofásica, reducida al primario, de los dos arrollamientos considerados.

Ensayo en cortocircuito

El ensayo en cortocircuito de los transformadores de potencia tiene como objetivo la determinación de las pérdidas adicionales en los arrollamientos y el valor de la tensión de cortocircuito en función de la corriente y de la frecuencia nominal.

La determinación del valor de las pérdidas adicionales es necesaria para la determinación del rendimiento convencional mientras que el valor de la tensión de cortocircuito, con los parámetros de amplitud y fase, permite el cálculo de la variación de tensión secundaria del transformador, para la tensión nominal primaria en función de la carga.

Las pérdidas que se obtienen, de un ensayo de cortocircuito de un transformador de potencia, se subdividen en pérdidas óhmicas y pérdidas adicionales.

Las pérdidas óhmicas pueden ser definidas como aquellas debidas al valor de la resistencia de los arrollamientos y la corriente que los atraviesa, suponiendo uniformemente distribuida sobre toda la sección del conductor como si se tratara de una corriente continua.

El valor de las pérdidas óhmicas es proporcional al valor de la resistencia y el cuadrado de la corriente, varía con la variación de la temperatura, mientras que es independiente de la frecuencia.

Las pérdidas adicionales o parásitas dependen de la no uniformidad de la distribución de la corriente en la sección del conductor y son producidas por el flujo de dispersión ligado a la circulación de la corriente. Las pérdidas adicionales varían en función del cuadrado de la corriente y pueden considerarse proporcionales al cuadrado de la frecuencia e inmersamente proporcionales a la resistividad del conductor. El efecto de la temperatura sobre el valor de las pérdidas adicionales es inverso al provocado sobre las perdidas por resistencia.

El procedimiento que se sigue generalmente es el que conduce a la separación de los dos valores de pérdidas en base a la medición de resistencia, referido a la temperatura de prueba y el valor de las pérdidas medidas durante el ensayo en cortocircuito.

El valor se determina restando las pérdidas por resistencia (Pr) de las pérdidas en cortocircuito (Pcc). Por lo tanto el valor de las pérdidas adicionales (Pad) puede ser determinado de la siguiente manera:

$$Pad = Pcc - \mathrm{Pr}$$

Si la medición de la pérdida es efectuada a la temperatura θ_1, y los valores obtenidos deben ser referidos a la temperatura θ_2, para los arrollamientos de cobre se aplican las siguientes:

$$\frac{\mathrm{Pr}_2}{\mathrm{Pr}_1} = \frac{234,5 + \theta_2}{234,5 + \theta_1} \quad (\textit{pérdidas por resistencia})$$

$$\frac{Pad_2}{Pad_1} = \frac{234,5 + \theta_1}{234,5 + \theta_2} \quad (\textit{pérdidas adicionales})$$

Ejecución práctica del ensayo en cortocircuito

El ensayo en cortocircuito, en el caso de transformadores de dos arrollamientos, se efectúa alimentando uno de éstos con tensión variable y frecuencia nominal, mientras el otro viene conectado en cortocircuito. En el caso de un transformador de más de dos arrollamientos, el ensayo se efectúa necesariamente para cada dupla de arrollamientos, dejando los otros libres.

La elección del arrollamiento a alimentar es completamente indiferente y está ligado solo a la comodidad de ejecución de la prueba.

Por ejemplo, para un transformador adaptado a la red de distribución con una relación 13800/400V conviene alimentar el arrollamiento de alta tensión, dejando en cortocircuito el lado de baja tensión.

Durante la prueba es necesario medir la frecuencia (f), la potencia absorbida (Pcc) y la temperatura de los arrollamientos.

El valor de la corriente de prueba, de resistencia a los fines del ensayo, es aquella nominal relativa al arrollamiento alimentado. El ensayo puede ser efectuado, sin embargo, con valores más bajos de corriente, dado que se conoce con exactitud la ley de variación de las pérdidas (proporcionales al cuadrado de la corriente) y de la tensión de cortocircuito (proporcional a la corriente). La temperatura debe ser medida, para transformadores con aislación en aire, aplicando el termómetro directamente sobre los arrollamientos, mientras que para los transformadores aislados en aceite, se mide la temperatura del aceite introduciendo el sensor del termómetro en el líquido y cuidando que el valor de la temperatura sea igual al de los arrollamientos.

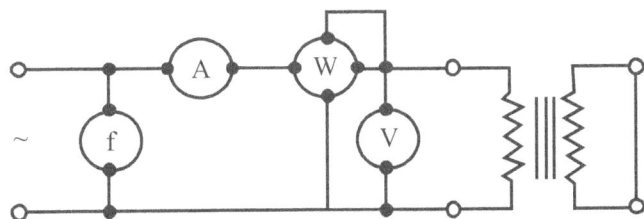

Figura 1-18. Circuito usado para el ensayo en cortocircuito de un transformador monofásico.

A los fines de obtener resultados correctos, el ensayo debe ser conducido con la máxima rapidez para evitar un calentamiento excesivo de los conductores de los arrollamientos, cuyo valor de resistencia debe mantenerse constante durante la prueba.

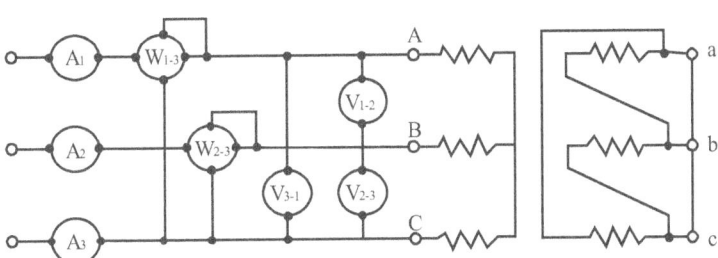

Figura 1-19. Circuito para la ejecución de un ensayo en cortocircuito en un transformador trifásico (conexión Aron).

El circuito de la figura 1-18 es para transformadores monofásicos y los de las figuras 1-19 y 1-20 para transformadores trifásicos.

Los resultados obtenidos de las mediciones, eventualmente corregidos de los errores sistemáticos, ligados al método aplicado y a las condiciones de la medición deben ser registrados.

Las pérdidas deben ser expresadas en función del cuadrado de la corriente, mientras que la tensión se expresa en función de la corriente. Ambas serán representadas en el gráfico por rectas que parten del origen.

Sobre el gráfico debe ser representado el factor de potencia en el cortocircuito (φ_{cc}), calculado en base a los valores obtenidos para algunos de los puntos, dado que el gráfico es una recta paralela a la abscisa (figura 1-21).

En el caso de que la máxima corriente de prueba sea menor a la nominal se procederá a la extrapolación gráfica de la recta de acuerdo a la relación matemática de la corriente según leyes conocidas, en base a los resultados registrados en correspondencia con un punto cualquiera del gráfico.

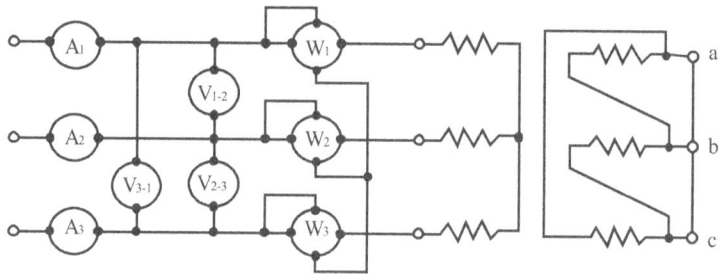

Figura 1-20. Circuito para la ejecución de un ensayo en cortocircuito de un transformador trifásico (conexión de tres watímetros)

Cuando el transformador está provisto de conmutador y existe la posibilidad de fijar diversos valores de la relación de transformación se deberá seguir lo que prescribe la norma respectiva y en el caso que este valor no venga especificado se debe tomar el punto medio de todos los posibles.

En el caso que por cualquier razón no resulte posible la medición de la resistencia óhmica de los arrollamientos, las pérdidas en el cobre referidas a 75° C, se puede determinar, globalmente, con un ensayo de cortocircuito realizado a frecuencia nominal dividida por el coeficiente determinado por la siguiente relación:

$$K = \frac{309,5}{234,5 + \theta_a}$$

Donde θ_a representa la temperatura de prueba en grados centígrados.

Operando de este modo, y admitiendo que las pérdidas adicionales varían con el cuadrado de la frecuencia, el valor de las pérdidas multiplicado por K igualará a la suma de las pérdidas por resistencia, de las pérdidas adicionales a 75°C, sin que sea necesario calcular otros valores.

Las pérdidas a la frecuencia nominal y a la temperatura de prueba son

$$P_{cc} = P_r + P_a$$

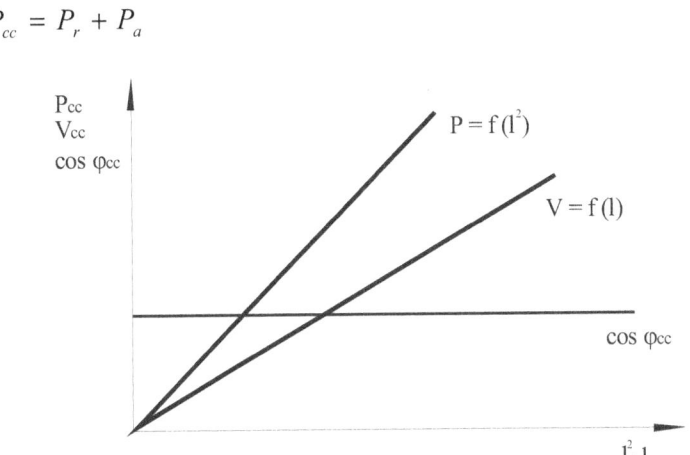

Figura 1-21. Representación gráfica de los resultados obtenidos en la prueba de cortocircuito

Para referirlas a 75° C se debe multiplicar y dividir respectivamente los dos términos (P_r y P_a) obteniéndose las relaciones:

$$P_{75°} = KP_r + \frac{P_a}{K}$$

Si el ensayo viene realizado a una frecuencia $\frac{t}{K}$ las pérdidas medidas resultan de la relación

$$P_{cc} = P_r + \frac{P_a}{K^2}$$

Por lo que, multiplicando toda la expresión por K se obtiene directamente las perdidas a 75° C, mediante la relación

$$P_{cc}\,75° = KP_r + \frac{P_a}{K}$$

Ese procedimiento es poco usado por la dificultad que representa con una fuente de frecuencia variable.

Ensayo en cortocircuito sobre transformadores monofásicos

El circuito para realizar el ensayo en cortocircuito en transformadores de potencia monofásica es el mostrado en la figura 1-18. En este circuito existe la posibilidad de conectar la bobina de tensión del watímetro en dos posiciones. En este caso conviene conectar la bobina de tensiones entre el voltímetro y la carga.

Es evidente, que cualquiera sea el caso, la medición se puede efectuar con el auxilio de transformadores de tensión y de corriente, teniendo en cuenta los errores sistemáticos de estos aparatos introducidos en la potencia eléctrica.

En el caso de bajo factor de potencia, como en el caso de transformadores de gran potencia, debe utilizarse watimetros de bajo cosφ.

Ensayo en cortocircuito de transformadores trifásicos

En este caso pueden utilizarse dos o tres watimetros. Cuando el factor de potencia no es inferior a 0,2 se realizan prácticamente con la conexión Aron, figura 1-18. Los tres voltímetros pueden ser sustituidos por un solo instrumento con el uso de un conmutador.

El valor del factor de potencia de cortocircuito puede ser determinado de la siguiente expresión:

$$\cos\varphi_{cc} = \frac{P}{\sqrt{3V.I}}$$

Si el valor de los φ_{cc} es inferior a 0,2 conviene la conexión de tres watimetros, adoptado para bajo cosφ. El centro de estrellas de la bobina, voltimétrica debe ser conectado al neutro artificial, creado con accesorios provisto con los watimetros.

Ensayo en vacío

El ensayo en vacío de un transformador de potencia se efectúa cuando es necesario determinar el valor de las pérdidas en vacío o en el hierro y el valor de la corriente absorbida por la máquina cuando está alimentado en vacío o en frecuencia nominal.

Cuando un material magnético es sometido a una magnetización en el tiempo se crea una disipación de energía en forma de calor.

Esta disipación de energía que constituye una pérdida, encuentra su causa en la histéresis magnética y en las pérdidas parásitas, por lo que las pérdidas en vacío o en el hierro, de un transformador de fábrica pueden ser divididas en:

- Pérdidas por histéresis magnética;
- Pérdidas por corrientes parásitas.

Las pérdidas por histéresis (Ph) son relativas a la naturaleza magnética del material que soporta la magnetización y son proporcionales a la frecuencia (f) y al valor de la inducción máxima (B_M) según un exponente que varía con el valor de la inducción de 1,4 a 2,5. Las relaciones que indican las pérdidas por histéresis son las siguientes:

$$P_h = h_1 B_M^h f$$
$$h = 1,0 \, a \, 2,5$$

Las pérdidas por corrientes parásitas P_P son de naturaleza diferente y dependen del valor de la conductividad eléctrica del material empleado. Cuando se somete al material magnético a un flujo variable, se generan en las mismas fuerzas electromagnéticas y corrientes inducidas.

Cuando en el flujo tiene una forma de variación sinusoidal, las corrientes parásitas pueden considerarse como proporcionales al cuadrado de la frecuencia, al cuadrado de la inducción máxima, de acuerdo a la siguiente expresión:

$$P_p = h_2 B_M^2 f^2$$

De las relaciones expuestas se puede deducir que las pérdidas en el hierro son:

$$P_{fe} = h_1 B_M^r f + h_2 B_M^2 f^2$$

Donde h_1 y h_2 representan dos constantes relativas al tipo de material.

Es natural que el fabricante trate de utilizar materiales que presenten bajas pérdidas. En general para los transformadores de potencia se usan láminas de hierro silicio de grano orientado de 0,35 a 0,5 mm de espesor.

En el ensayo de vacío, no interesa conocer los comportamientos de cada uno de las pérdidas individuales y se realiza usando una fuente de tensión variable de forma de onda sinusoidal, alimentando el transformador de uno de los arrollamientos componentes.

La alimentación debe ser realizada a frecuencia nominal y con valores de tensión variables entre el 70 y el 110% de la tensión nominal del arrollamiento considerado relevante para algunos valores de tensión, la potencia absorbida y la corriente en vacío. Los valores de potencia y de corriente así relevados deben ser registrados en los diagramas representativos de la potencia absorbida y de la corriente de vacío en función de la tensión aplicada, figura 1-22.

La ley de variación de las pérdidas en el hierro a un cierto valor de frecuencia y en función del valor de la tensión aplicada al transformador, recordando las relaciones establecidas para la determinación de los dos tipos de pérdidas, tenemos:

$$P_{fe} = A_1 V^m + A V^2$$

En las relaciones se nota que, mientras las pérdidas debidas a las corrientes parásitas dependen del cuadrado de la tensión, las pérdidas debidas al fenómeno de histéresis magnética depende de la tensión según un exponente m que no solo varía de una máquina a otra, sino que no es constante con la tensión y su valor aumenta con el aumento de la tensión.

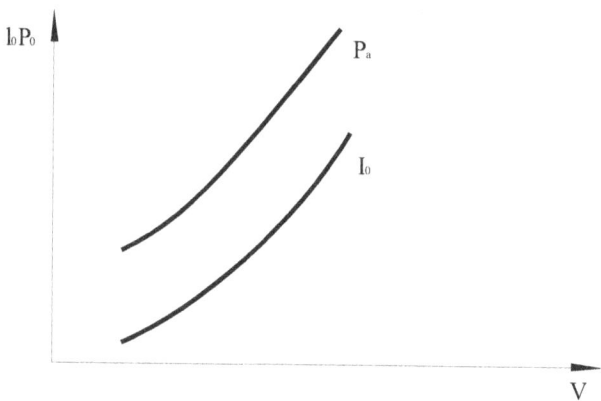

Figura 1-22. Representación gráfica de los resultados obtenidos en el ensayo de vacío.

En la práctica, y al solo efecto orientativo, se puede decir que para valores normales de inducción de trabajo, m no se aparta mucho de 2, lo que significa que las pérdidas en vacío de un transformador varían aproximadamente con el cuadrado de la tensión.

El valor de la corriente de vacío tiene comportamientos que aumentan más rápido que la tensión hasta que se acerca a la saturación del circuito magnético. Por ello no resulta simple su determinación y se hace necesario recurrir a la experimentación.

Aunque no sea indispensable a los fines de la prueba, resulta interesante, en algunos casos, determinar el valor de las pérdidas en el hierro en sus dos componentes, pérdidas por histéresis y pérdidas por corrientes parásitas.

La relación que liga la tensión inducida en el arrollamiento con la inducción y la frecuencia es la siguiente:

E = 4,44 P . N . B . S

En la cual E representa el valor eficaz de la fuerza electromotriz, N el número de espira del arrollamiento, B la inducción del núcleo y S la sección respectiva.

Refiriéndonos a los valores que realmente interesan, la relación anterior puede expresarse como:

$$E \equiv Bf$$

Y por lo tanto:
$$B \equiv \frac{E}{f} \equiv \frac{V}{f}$$

De la relación anterior se deduce que el valor de B es proporcional $\frac{V}{f}$ manteniéndose constante el valor de B, al valor f varía el valor de V en proporción.

Teniendo en cuenta que para igual valor de inducción, las pérdidas por histéresis son proporcionales a la frecuencia y las pérdidas por corrientes parásitas son proporcionales al cuadrado de la frecuencia, es posible establecer la siguiente relación:

$$Pfe = af + bf^2$$

en la que a y b son dos constantes.

Dividiendo ambos miembros de la relación por la frecuencia que da

$$\frac{Pfe}{t} = a + bf$$

En la que $\frac{P_{fe}}{t}$ representa el valor de las pérdidas por ciclo, expresión de una recta a + bf, con a como ordenada al origen y bf como pendiente.

Representando en un sistema de coordenadas cartesianas, en abscisas el valor de la frecuencia y en ordenada al valor correspondiente de Pfe, se obtiene una recta, cuya ordenada al origen es el parámetro a, el cual corresponde a las pérdidas por histéresis por cada ciclo.

El valor de b viene representado por la tangente del ángulo α que la recta forma con la abscisa y puede ser determinado eligiendo un punto cualquiera de la curva, en correspondencia de un valor de frecuencia (f), dividiendo la diferencia de la ordenada del punto con a por el valor de la frecuencia. Figura 1-23.

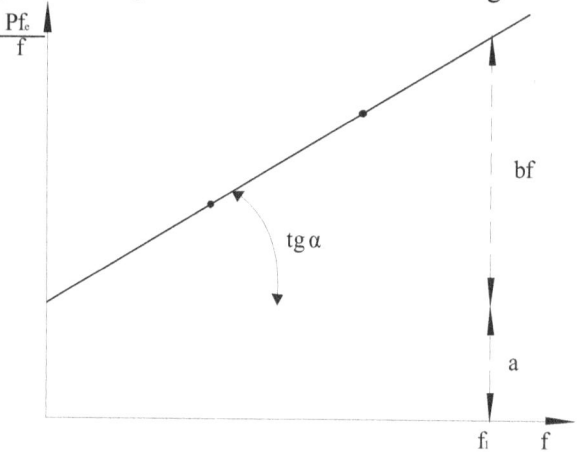

Figura 1-23. Representación gráfica de la subdivisión de las pérdidas obtenidas del ensayo en vacío en pérdidas por histéresis y pérdidas por corrientes parásitas.

La prueba debe ser realizada usando una tensión de forma de onda sinusoidal y por ello resulta útil durante el ensayo controlar las características en el osciloscopio.

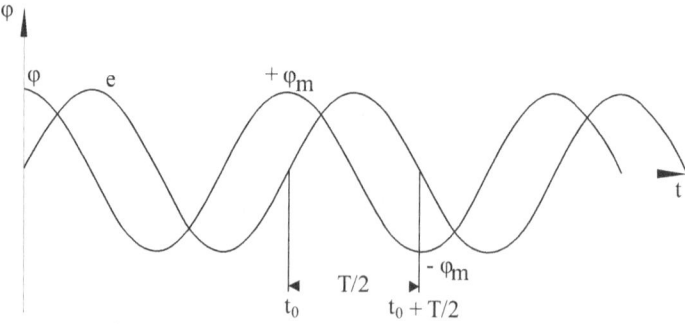

Figura 1-24. Representación de la fuerza electromotriz inducida y del flujo en función del tiempo.

En las máquinas de una cierta potencia, en las cuales la corriente magnetizante asume valores relevantes y no siendo de forma sinusoidal, tiende a provocar una deformación de la onda de tensión, resulta conveniente en la medición relevar el valor eficaz y el valor medio de la tensión.

Teniendo en cuenta la importancia que reviste esta determinación se hace necesario un análisis más detallado de las leyes de variación de las pérdidas debidas a la histéresis magnética y las corrientes parásitas.

Las pérdidas debido a las corrientes parásitas, cuyo efecto típico es la transformación de la energía eléctrica en calor (Ley de Joule), dependen del valor eficaz de la tensión, mientras las pérdidas debidas al fenómeno de la histéresis magnética dependen del valor máximo de la inducción.

Es demostrable que el valor máximo de la inducción es proporcional al valor medio de la fuerza electromotriz y por lo tanto de la tensión. Examinando la figura 1-24 es posible observar que el valor medio de la onda de tensión referido a un semiperiodo, viene dado por la relación:

$$Em = \frac{2}{t} \int_{to}^{to+\frac{T}{2}} e dt$$

Siendo

$$b = \varphi = \int e dt$$

La integral del valor medio de la tensión entre to y $to + \frac{T}{2}$, corresponden valores nulos para la fuerza electromotriz y máximos para la inducción, puede decirse

$$Em \equiv B_M$$

Ensayo en vacío de transformadores monofásicos

Para realizar el ensayo en vacío en los transformadores monofásicos es necesario contar con el montaje mostrado en la figura 1-25.

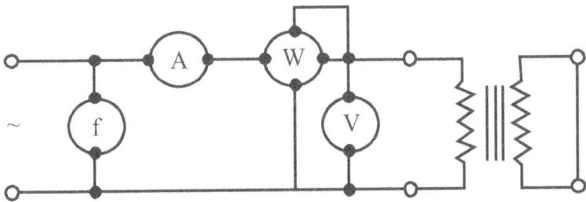

Figura 1-25. Circuito para la ejecución del ensayo en vacío de un transformador monofásico.

El arrollamiento alimentado puede ser cualquiera y, si es necesario, la medición puede realizarse usando transformadores de tensión y de corriente.

En el caso de que el factor de potencia sea inferior a 0,2 el watímetro a usar debe ser adaptado para medir bajo cos φ.

Los resultados de la medición, cuando se requiere obtener un alto grado de exactitud, pueden ser corregidos de los errores de fase introducidos por los transformadores de medición.

Ensayo de transformadores trifásicos

Para el ensayo en vacío de transformadores trifásicos pueden usarse dos o tres watimetros.

Dado que el circuito magnético no es, en general, simétrico y el ensayo asume las características de la medición de potencia en un circuito simétrico desequilibrado en el cual las corrientes de los conductores de fase no son iguales entre ellas, es necesario recurrir para la determinación de todos los parámetros al método de cuatro lecturas cuando al circuito utilizado tenga dos watímetros, como el que se muestra en la figura 1-26.

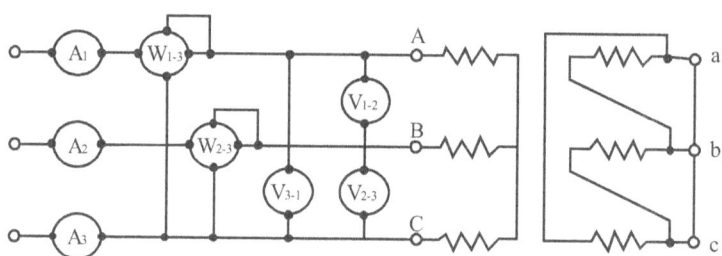

Figura 1-26. Circuito para la ejecución de ensayo en vacío de un transformador trifásico (Conexión Aron).

De las indicaciones de los instrumentos se obtiene los siguientes valores:
-       para la tensión: valor medio de las tres terminales en un par de conductores:

$$V_0 = \frac{V_{12} + V_{23} + V_{31}}{3}$$

Teniendo en cuenta que los valores medidos no deben diferir demasiado entre sí.
-       para la corriente: valor medio de tres mediciones en cada uno de los conductores: $I_o = \dfrac{I_1 + I_2 + I_3}{3}$

Teniendo en cuenta, en este caso, que los valores medidos pueden ser sensiblemente diferentes entre ellos.

- para la potencia activa: valores obtenidos de la conexión Aron.

$$P = P_{32} + P_{12}$$

- para la potencia reactiva: el valor se determina mediante las indicaciones obtenidas de los watímetros (promedio de cuatro lecturas)

$$a = \frac{P_{32} - P_{12} + 2P_{13} - 2P_{32}}{\sqrt{3}}$$

En la práctica, como la potencia activa no es necesaria para el cálculo del rendimiento, el valor del $\cos \varphi_1$ asume un aspecto puramente indicativo, resulta más simple recurrir a la conexión Aron para la determinación de la potencia activa, mientras el valor de $\cos \varphi$ se determina de la relación:

$$\cos \varphi_0 = \frac{P_0}{\sqrt{3V_0 I_0}}$$

que no determina un resultado riguroso dado que se opera en condiciones no ideales

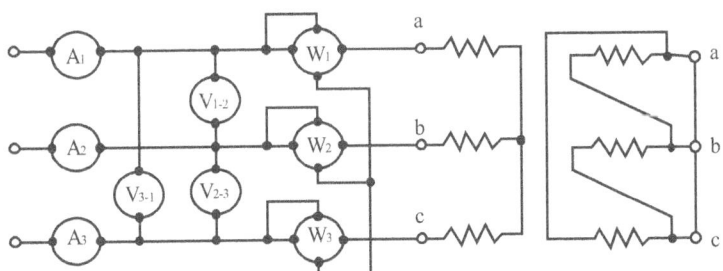

Figura 1-27. Circuito para la ejecución de ensayo en vacío de un transformador trifásico mediante el uso de tres watímetros.

En el caso de que el factor de potencia fuera inferior a 0,2 el método indicado no presenta resultados atendibles y se deberá recurrir al método de los tres vatímetros cuyas bobinas voltimétricas se conectan en estrella.

El centro de las bobinas voltimétricas puede ser conectado al centro de estrella del arrollamiento alimentado cuando éste existe, de lo contrario debe ser creado en forma artificial, naturalmente, nada impide el uso de transformadores de tensión y de corriente. Los resultados obtenidos deberán ser corregidos de los errores de fase que introducen estos aparatos.

Cálculo del valor del rendimiento convencional

El cálculo del rendimiento convencional de un transformador de potencia, debe ser realizado en base a los ensayos en vacío y en cortocircuitos y de la medición de las resistencias cuyos valores deben ser referidas a las condiciones nominales de funcionamiento (tensión, frecuencia y corriente) y a la temperatura convencional de 75° C.

Mientras las pérdidas en el hierro pueden ser consideradas constantes al valor de carga, las pérdidas en los arrollamientos (comprende las medidas por resistencia y los adicionales) varía con el cuadrado de la corriente.

La condición de máximo rendimiento se verifica cuando los dos valores de pérdidas (hierro y arrollamiento) son iguales. En los transformadores de dos arrollamientos, el cálculo del rendimiento convencional y, en función del valor de la carga y expresada en valores porcentuales, se logra mediante la siguiente relación:

$$\eta \ / \ (\%) = 100 \left(1 - \frac{Pa + Pfe}{P + Pa + Pfe} \right)$$

donde p es la potencia entregada, Pa las pérdidas en los arrollamientos y Pfe las pérdidas en el hierro.

El cálculo del rendimiento se efectúa para las condiciones correspondientes al 25- 50- 75- 100- 125 % de la carga nominal. La determinación de la potencia entregada puede resultar muy laborioso, por eso es preferible utilizar la fórmula

$$\eta(\%) = 100 \left(1 - \frac{\alpha^2 Pa + Pfe}{P} \right)$$

donde α es un coeficiente que depende de la carga y P es la potencia nominal. En la tabla 1-9 se muestran los valores de α y de α^2 en función del porcentaje de carga.

Tabla 1-9. Valores de α y α² en función de porcentaje de carga.

Carga Porcentual	α	α²
25	0,25	0,625
50	0,50	0,25
75	0,75	0,569
100	1	1
125	1,25	1,56

Determinación del valor de la tensión de cortocircuito a 75° C y de la variación de la tensión en función de la carga

En el ensayo de un transformador de potencia, los valores de la tensión de cortocircuito deben ser referidos a la temperatura convencional de 75° C.

La operación de determinación es necesaria porque el valor de la tensión de cortocircuito puede ser considerado como el resultado de dos componentes, respectivamente en fase y en cuadratura con la corriente. Figura 1- 28. Mientras uno de los componentes tiene un valor debido a las pérdidas en los arrollamientos, que varía con la variación de la temperatura, la segunda puede ser considerada constante.

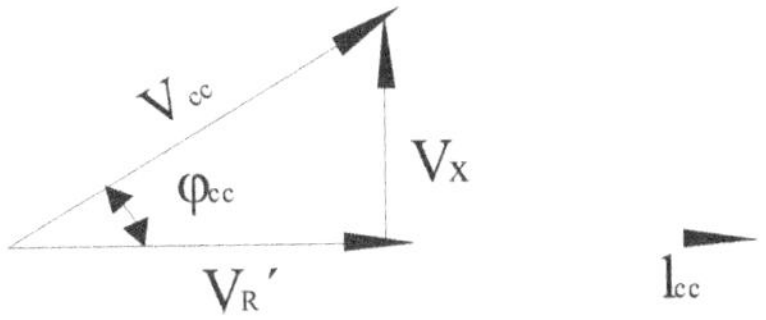

Figura 1-28. Representación vectorial para el análisis de cortocircuito.

Los valores de los componentes descriptos pueden ser igualmente calculados en base a los resultados obtenidos de la prueba de cortocircuito, de la cual es posible sobrar los valores de la tensión y del factor de potencia mediante las relaciones.

$$V_R^1 = Vcc \cos \varphi cc$$

$$V_x = Vcc \, \text{sen} \, \varphi cc$$

Para determinar el valor de la componente V'_r a la temperatura convencional de 75° C, se multiplica el valor obtenido de V_r , de la relación anterior por un coeficiente K que es el cociente entre las pérdidas en los arrollamientos a 75° C y las pérdidas medidas a la temperatura de prueba.

Se tiene en cuenta de este modo que la resistencia equivalente en corriente alterna está compuesta por dos partes que son las pérdidas por resistencia y las pérdidas adicionales, de modo que

$$V_r = K V_R^1$$

El valor de la tensión de cortocircuito a 75° C se calcula por

$$Vcc = \sqrt{V_R^2 + V_x^2}$$

El factor de potencia correspondiente puede ser determinado por la expresión

$$\cos \varphi cc = \frac{V_r}{Vcc} \, (valor \ a \ 75° \ C)$$

En base a los resultados obtenidos de las relaciones mencionadas, es posible calcular los valores de la caída de tensión que se manifiestan en el transformador al variar la carga.

Si se indican con $V_r\%$ y $V_x\%$ los valores porcentuales de caída de tensión a 75° C y con $\cos \varphi$ el factor de potencia de la carga, la caída de tensión porcentual viene dada por la relación:

$$V\% = V_R\% \cos \varphi + V_x\% \, sen \, \varphi + \frac{(V_x\% \cos \varphi - V_r\% \, sen \, \varphi)}{200}$$

Este procedimiento es el que establecen las normas CEI Italianas.

Medición de la impedancia a las corrientes de secuencia cero.

Los transformadores de potencia insertos en las redes eléctricas pueden ser sometidos durante el funcionamiento a solicitaciones derivadas de condiciones muy diferentes a las normales de servicios. Un ejemplo puede ser el de una falla que provoque un cortocircuito.

El problema asume una gran importancia en el proyecto de la red eléctrica en cuanto a la posibilidad de que se verifiquen condiciones anormales que obliguen a la instalación de sistemas de protección.

En cuanto a los transformadores de potencia, nos hemos referido a la impedancia de cortocircuito y a la de vacío. Ahora debemos considerar otro parámetro que interesa para el estudio de los sistemas trifásicos que está constituido por el valor de la impedancia a las corrientes de secuencia cero.

Para aclarar el concepto recordemos que un sistema de valores representativo de las corrientes relativas a un sistema trifásico desequilibrado puede ser siempre descompuesto en tres sistemas de valores.

-        Una terna de vectores simétricos puestos a 120° eléctricos, con secuencia de fase en sentido horario (corrientes de secuencia positiva ó 1)

-        Una terna de vectores simétricos puestos a 120° eléctricos, con secuencia de fase en sentido anti horario (corrientes de secuencia negativa ó 2)

-        Una terna de vectores iguales en fase entre ellos (secuencia cero)

Una corriente de secuencia cero, solo puede ser concebida en el caso en que la suma vectorial de los tres vectores de corriente no sea nula, lo que implica naturalmente, recordando las leyes de Kirchnofl, la presencia de un cuarto. conductor.

En la figura 1-29 se han representado dos ejemplos de descomposición de una terna de corrientes en los componentes de secuencia positiva, negativa y cero según un método gráfico.

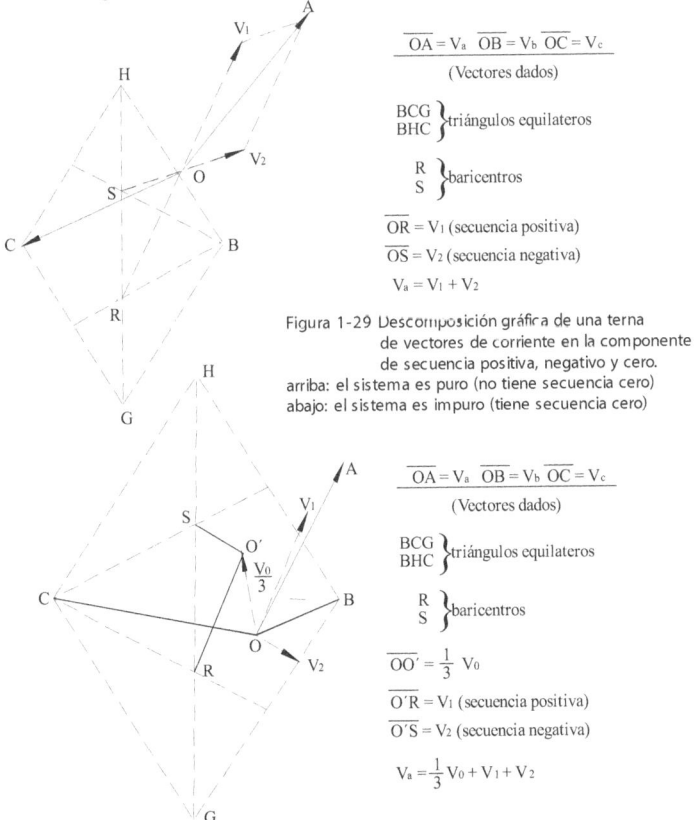

$$\overline{OA} = V_a \quad \overline{OB} = V_b \quad \overline{OC} = V_c$$
(Vectores dados)

$$\left.\begin{array}{l} BCG \\ BHC \end{array}\right\} \text{triángulos equilateros}$$

$$\left.\begin{array}{l} R \\ S \end{array}\right\} \text{baricentros}$$

$$\overline{OR} = V_1 \text{ (secuencia positiva)}$$
$$\overline{OS} = V_2 \text{ (secuencia negativa)}$$
$$V_a = V_1 + V_2$$

Figura 1-29 Descomposición gráfica de una terna de vectores de corriente en la componente de secuencia positiva, negativo y cero. arriba: el sistema es puro (no tiene secuencia cero) abajo: el sistema es impuro (tiene secuencia cero)

$$\overline{OA} = V_a \quad \overline{OB} = V_b \quad \overline{OC} = V_c$$
(Vectores dados)

$$\left.\begin{array}{l} BCG \\ BHC \end{array}\right\} \text{triángulos equilateros}$$

$$\left.\begin{array}{l} R \\ S \end{array}\right\} \text{baricentros}$$

$$\overline{OO'} = \frac{1}{3} V_0$$

$$\overline{O'R} = V_1 \text{ (secuencia positiva)}$$
$$\overline{O'S} = V_2 \text{ (secuencia negativa)}$$

$$V_a = \frac{1}{3} V_0 + V_1 + V_2$$

En el primer caso el sistema es puro, es decir la suma vectorial de las tres corrientes es nula; en el segundo el sistema es impuro es decir la suma vectorial de las tres corrientes no es nula. Solo en este último caso existe la componente de secuencia cero.

Para el estudio del comportamiento de las redes , en condiciones anormales, es necesario establecer todos los parámetros de los tres circuitos de secuencia, que en el analizado deben ser esquematizados y colocados en forma oportuna.

Examinando el comportamiento de un transformador de potencia a las corrientes de secuencia positiva y secuencia negativa, es fácil deducir que ello está ligado a los parámetros de impedancia en cortocircuito y en vacío ya considerados. Es de hacer notar que el funcionamiento de un transformador no sufre alteraciones mientras no se invierta el sentido cíclico de las tensiones de alimentación.

El comportamiento de la máquina a las corrientes de secuencia cero es diverso. En cuanto a los efectos exteriores puede ser comparado con el que debería existir cuando el transformador fuera excitado mediante un generador monofásico aplicado entre los tres terminales de línea conectadas entre sí y el conductor neutro. Figura 1-30.

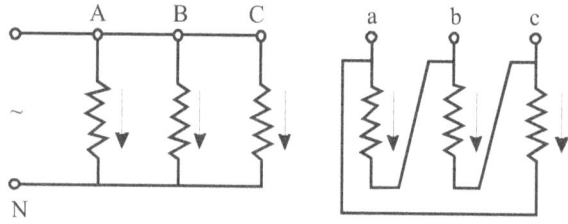

Figura 1-30. Representación esquemática del comportamiento de un transformador a las corrientes de secuencia cero (La flecha indica el sentido de las corrientes en los arrollamientos).

La medición relativa puede resultar muy compleja, especialmente en el caso de transformadores de más de dos arrollamientos, pero la prueba es factible si existe la posibilidad de obviar los elementos menos importantes del sistema.

En general, en la medición y en el cálculo, no se tiene en cuenta la parte activa de las impedancias, dado que pueden ser determinadas (en forma aproximada) mediante las mediciones de tensión y de corriente a la frecuencia nominal.

Antes de entrar en el método de medición y los esquemas relativos es necesario analizar más profundamente el comportamiento de un transformador a las corrientes de secuencia cero. Antes de todo precisar que definimos "impedancias de secuencia cero" aquella resultante de las corrientes de secuencia cero.

En los transformadores, los valores de las impedancias de secuencia cero son diferentes de los de impedancia de secuencia positiva o negativa, en cuanto se verifica el fenómeno de impedancia mutua entre las fases del mismo arrollamiento.

La impedancia mutua puede ser causada por lo siguiente:

a)   La mutua impedancia en las fases, cuando las tres columnas son colocados sobre el mismo núcleo y en la misma cuba.

b)   El efecto acoplamiento, que se puede manifestar entre fase y fase, debido a las otros arrollamientos.

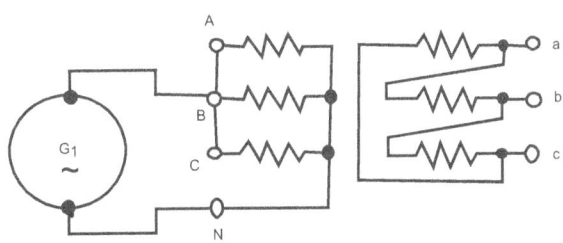

Figura 1-31 a). Representación esquemática del comportamiento de un transformador estrella-triángulo a las corrientes de secuencia positiva.

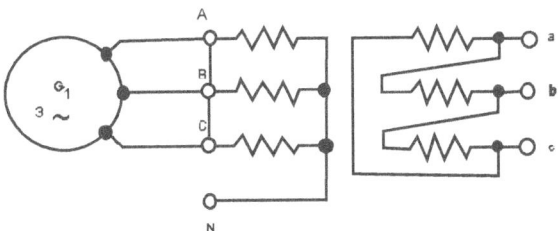

Figura 1-31 b. Representación esquemática del comportamiento de un transformador estrella-triángulo a las corrientes de secuencia cero.

Tabla 1-10 Esquemas para las mediciones de la impedancia a la corriente de secuencia cero a tres columnas.

		a circuito abierto no es constante. en cortocircuito el mismo valor como en cortocircuito pasa la secuencia positiva	tiene el mismo significado de circuito abierto en el caso anterior	no es medible porque la corriente de secuencia cero no puede circular	prácticamente igual que el caso de cortocircuito pasa secuencia positiva	no es medible porque la corriente de secuencia cero no puede circular	no es medible porque la corriente de secuencia cero no puede circular
tipo de medición	en cortocircuito						
	en vacío						
circuitos equivalentes	simplificado						
	completo						
conexionado	B						
	A						

La impedancia de secuencia cero puede ser dividida en dos tipos:

- impedancia de secuencia cero a circuito abierto, la cual implica la circulación de la corriente en un solo arrollamiento (comparable a la impedancia en vacío para la secuencia positiva)

- impedancia de secuencia cero en cortocircuito, cuando implica la circulación de corriente también en los otros arrollamientos que resultan cortocircuitos por la secuencia cero (comparable a la impedancia en cortocircuito para la secuencia positiva)

A los efectos de aclarar con un ejemplo la diferencia que puede existir entre las impedancias de secuencia cero y aquellas de secuencia positiva, consideramos un transformador de conexionado estrella- triángulo (figuras 1-31 a y b). Los arrollamientos de esta máquina pueden ser considerados en cortocircuito para la secuencia cero, no para la secuencia positiva. Si se observan los circuitos relativos a los dos casos, se puede decir que en el caso a (transformador trifásico estrella-triángulo alimentado de un sistema trifásico) el arrollamiento conectado en triángulo puede ser considerado en un circuito abierto y en cuanto las fuerzas electromotrices inducidas en las columnas son iguales y desfasaje 120°, por lo que la suma, en cualquier instante es nula y como consecuencia en el circuito no circula corriente.

En el circuito mostrado en la figura 1-31 b (transformador trifásico estrella-triángulo alimentado de un sistema monofásico conectado entre el conductor neutro y las tres terminales de fase del circuito) en el arrollamiento conectado en triángulo las fuerzas electromotrices inducidas en las tres columnas son iguales en valores, en fase entre ellas y resultando conectados en serie (ver circuito de la figura 1- 30)

Naturalmente para las impedancias de secuencia cero es posible establecer circuitos equivalentes, con el mismo método usado para los circuitos equivalentes para las corrientes de secuencia positiva y negativa. Es necesario hacer notar que los valores de las impedancias de secuencia cero, relativas a una fase (Z_0) debe ser deducida de los resultados de las mediciones (Z_m) multiplicados por tres debido a que la prueba se realiza midiendo la corriente total absorbida por el circuito y no la relativa a una fase.

$$Z_0 = 3Z_m$$

En la tabla 1-10 se muestran algunos circuitos equivalentes para transformadores de dos arrollamientos.

Las pruebas deben ser realizadas alimentando un arrollamiento en estrella con neutro, mediante un sistema monofásico y los resultados pueden ser referidos a los otros arrollamientos en base a la relación de transformación

1.3 Ensayo de Calentamiento

1.3.1 Introducción

La potencia suministrado por una maquina está prácticamente limitada por el calentamiento de las partes que la componen, en consecuencia de las pérdidas de energía que se ponen de manifiesto.

A este respecto se consideran de importancia secundaria las limitaciones impuestas por las solicitaciones mecánicas, electromecánicas y químicas. Es evidente que siendo la máquina eléctrica compuesta por estructuras mecánicas, es el material aislante el que debe soportar las solicitaciones térmicas sin destruirse.

Razones técnicas y económicas impiden fijar límites, tales, para los cuales, la vida de los materiales puede considerarse ilimitada, pero se admite una temperatura máxima de funcionamiento que asegure una vida suficientemente larga, compatible con la utilización y operación de la máquina. En máquinas eléctricas tiene importancia el concepto de obsolescencia, según el cual una máquina puede ser usada no más de un período de tiempo. Superado ese tiempo, los progresos de la técnica habrán aportado cambios que harán antieconómico el uso de esa máquina.

En base a la calidad del aislante puede ser fijado el límite máximo de temperatura al que la máquina puede operar y conservar convenientemente la eficiencia en el tiempo. La tabla 1-11 muestra la clase de aislante y las temperaturas máximas admisibles.

Tabla 1-11. Temperaturas límites según la clase de aislamiento.

1	2	3	4	5	6
Clase de aislamiento	Temp. Ambiente máxima	Aumento medio de temp. Sobre el ambiente °C	Temp. Límite media °C	Aumento máximo de temp. En el punto más caliente °C	Temp. Máxima en el punto más caliente °C
Y	40	45	85	50	90
A	40	60	100	65	105
E	40	75	115	80	120
B	40	80	120	90	130
F	40	100	140	105	155
H	40	125	165	140	180

El valor de la temperatura que determina las solicitaciones térmicas de los. aislantes está asociado a la temperatura del ambiente en el cual la máquina funciona, entendiéndose por ambiente los medios de refrigeración adoptados (aire, hidrógeno, agua, etc.). Esta temperatura puede variar dentro de ciertos límites.

Es evidente que una misma máquina podrá suministrar un valor de potencia tanto mayor cuanto menor es la temperatura del ambiente en el cual funciona.

La observación expuesta nos lleva consecuentemente a considerar que la potencia máxima suministrada por una máquina no puede ser definida si no se establece la temperatura del ambiente en el cual esta máquina funciona.

Para evitar esta indeterminación todas las normas refieren el valor de la potencia a una temperatura ambiente convencional.

Pasaremos ahora a hablar de sobretemperatura, es decir la temperatura que sobrepasa el valor de la temperatura de prueba . Los valores de la temperatura varían con la calidad de los aislantes y con la modalidad con la cual se mide dicha sobre temperatura.

El ensayo de calentamiento tiene como objetivo verificar si la sobretemperatura, respecto al ambiente en el que el transformador alcanza el régimen térmico en las condiciones nominales, está dentro de los límites fijados por la norma respectiva.

Consecuentemente, el ensayo debe ser realizado haciendo funcionar la máquina en condiciones iguales o equivalentes a aquellas puestas para el funcionamiento en cuanto a la potencia y a los parámetros, en régimen continuo, o intermitente, o transitorio, según el tipo de funcionamiento a que esté destinada. Al término de la prueba se deberá proceder a la medición del valor de la temperatura a que han sido sometidos los diferentes componentes, además durante la prueba se medirá en forma sistemática el valor de la temperatura ambiente. También durante la prueba se medirán los valores de temperatura alentados en partes importantes de la máquina.

1.3.2 Temperatura ambiente

La temperatura ambiente convencional viene definida por las normas, de acuerdo al tipo de refrigeración empleado para máquina a ventilación natural, autoventilados a ventilación forzada con aire proveniente del local en el que la máquina será instalada, se considera como temperatura ambiente aquella del aire local. Para máquinas autoventiladas o a ventilación forzada, en las cuales el aire del ventilador proviene de un local distinto del que la máquina será instalada, se considera como temperatura ambiente aquella del aire de entrada a la máquina.

La temperatura del aire en el local se mide mediante termómetros colocados en dispositivos, tres por lo menos, distribuidos en torno al transformador a la mitad de su altura y a una distancia de 1 a 2 metros de éste. Estos dispositivos deben poseer una constante de tiempo térmica similar a la del transformador ensayado en caliente.

Las mediciones se hacen a intervalos iguales, durante el último cuarto del ensayo.

Como valor de la temperatura ambiente, en un instante dado se toma el promedio de los valores medidos en ese instante en los diferentes dispositivos indicadores.

Para transformadores con ventilación forzada, cuyo aire refrigerante provenga de otro local diferente al que está instalado, se considera temperatura ambiente la del aire de ventilación y se mide a la entrada del sistema de refrigeración a intervalos iguales durante el último cuarto del ensayo.

1.3.3 Temperatura de los arrollamientos

Para determinar la temperatura inicial de los arrollamientos de los transformadores en líquido es necesario que aquellos se encuentren en equilibrio térmico con el líquido aislante. Para ello se debe dejar transcurrir, por lo menos, ocho horas desde la colocación de líquido o desde la circulación de la corriente de carga.

La temperatura de los arrollamientos se determina por el método termométrico o el método de la variación de resistencia.

El método termométrico se aplica si la resistencia de los arrollamientos es extremadamente reducida, constituyendo la resistencia de las conexiones y uniones internas gran parte de la resistencia total.

Método termométrico

Para medir temperatura puede usarse termómetro a bulbo, o expansión, o eléctricas, que permitan apreciar $0,2°$ C dentro de un campo de medida adecuada a la temperatura a medir. Los termómetros a bulbo deben ser del tipo de inmersión parcial.

Los termómetros de mercurio no deben usarse donde hay campos magnéticos alternos. En caso de discrepancia, en medición simultáneas con termómetros eléctricos y de expansión, la indicación de estos últimos es decisiva. La constante del tiempo del termómetro debe ser lo suficientemente baja.

Debe asegurarse en todos los casos una buena transferencia del calor entre el punto de medida y el termómetro y arbitrar medio para reducir la disipación del calor desde el punto de medida. Para evitar el paso del aire refrigerante sobre el punto de medida y el termómetro, ambos se recubren con material aislante térmico que no modifique sustancialmente el sistema de refrigeración del lugar donde se mide.

Método de la variación de resistencia

La resistencia de los arrollamientos se mide con corriente continua y preferentemente por el método de puente. La corriente de medición debe ser en todos los casos, ser la máxima posible para obtener mejor sensibilidad en el puente pero sin exceder el 15% de la nominal del arrollamiento que se mide.

Las lecturas deben ser efectuadas una vez alcanzada la estabilización del circuito, lo que en la medición en frío puede apreciarse por la estabilidad del instrumento indicador.

La precisión requerida en ensayos de calentamiento obliga a que la medición de las resistencias en frío y en caliente se hagan utilizando el mismo circuito, el que no debe dar, en la medición de resistencias en frío, un error mayor del 0,5%.

La temperatura obtenida por el método de variación de resistencia no es la del punto más caliente, sino una temperatura media en el instante de la desconexión del transformador de la fuente. Dicha temperatura se calcula de la siguiente manera:

$$\theta_2 \equiv \theta_1 \left(\frac{R_2 - R_1}{R_1} \right) (A + \theta_1)$$

Siendo:

θ_2 temperatura del arrollamiento en caliente

θ_1 temperatura del arrollamiento en frío

R_1 resistencia del arrollamiento a la temperatura θ_1

R_2 resistencia del arrollamiento a la temperatura θ_2

A constante, para el cobre A= 234,5 para el aluminio A= 230

La resistencia R_2 debe determinarse por extrapolación, en el momento de la desconexión, de la curva de variación de la resistencia con el tiempo. A modo de ejemplo y en la figura 1-32 se representa la extrapolación de los resultados obtenidos de la medición de resistencia de los arrollamientos de un transformador.

1.3.4 Duración de la prueba

Se admite que la prueba ha finalizado cuando el calentamiento de las capas superiores del líquido aislante no varía más de 3° C por hora. Como la ley de variación del calentamiento es suficientemente próxima a una exponencial, la temperatura, la sobretemperatura de régimen o estacionaria puede ser determinada por el método gráfico.

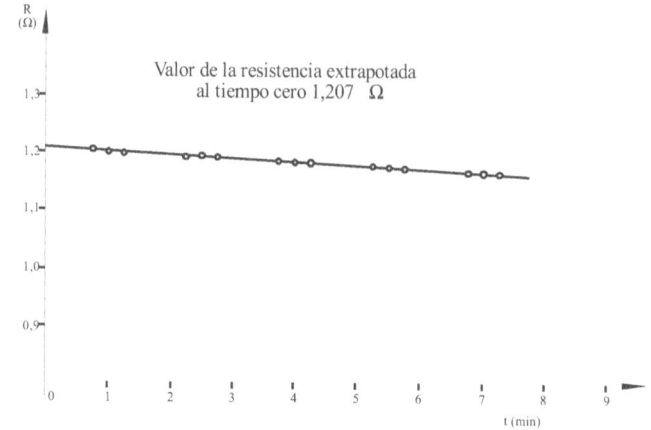

Figura 1-32. Ejemplo de extrapolación en el tiempo de la resistencia de un arrollamiento de un transformador.

También puede emplearse el criterio de que el ensayo finaliza cuando el calentamiento de las capas del líquido aislante no varía más de 1° C por hora durante cuatro horas consecutivas. Si el ensayo se ha iniciado con un enfriamiento reducido o sin poner en servicio el sistema de enfriamiento, debe proseguirse hasta que la temperatura del transformador baje al restablecerse la refrigeración al fin de evitar errores en la medición final del calentamiento del líquido aislante.

1.3.5 Sobretemperatura de régimen

Si la entidad de las pérdidas, durante la prueba permanece constante y cuando no resulta necesario efectuar modificaciones en el sistema de enfriamiento, el valor de la sobre temperatura de régimen puede ser obtenido por extrapolación gráfica del valor registrado durante el ensayo.

Para determinar el valor de la sobre temperatura de régimen, primero se traza la curva de calentamiento, es decir el gráfico de andamiento de la sobre temperatura en el tiempo revelándose los valores medidos en aquellas partes de la máquina que pueden suministrar una indicación segura. Figura 1-32.

Si la máquina se comporta, prácticamente, como un cuerpo homogéneo, la curva tendrá una forma exponencial y tendrá una tangente constante que indica la constante de tiempo térmico.

Se subdivide la abscisa en intervalos de tiempo iguales (correspondiendo a cada uno una sobretemperatura$\Delta\theta$). Los valores de variación de sobre temperatura ($\Delta\Delta\theta$) obtenidos de la diferencia entre la temperatura ($\Delta\theta$) correspondiente a los intervalos de tiempo sucesivos, debe ser colocado sobre el eje de abscisas con una escala arbitraria.

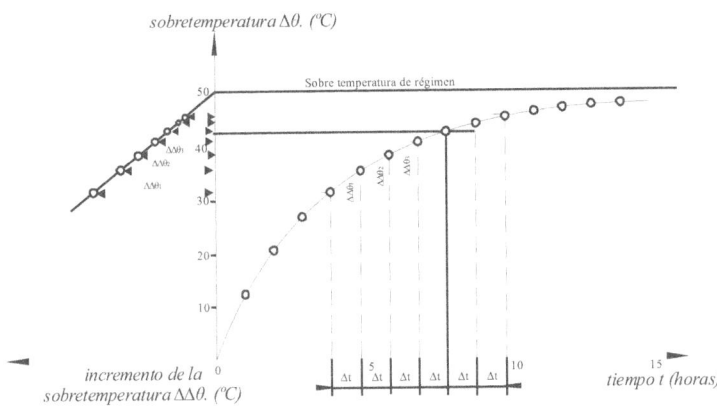

Figura 1-32. Determinación gráfica de la sobre temperatura de regímenes.

Los puntos cuyas coordenadas son representadas en abscisas por las variaciones de sobretemperatura, que sobrepasan y en ordenadas las correspondientes a la sobre temperatura, forman una recta que intercepta a la ordenada en el punto de la sobre temperatura de régimen; cuyo valor queda así determinado.

En el trazado del gráfico deben ser excluidos los primeros puntos de la curva de calentamiento, que por varias razones son poco atendibles.

1.3.6 Conceptos generales sobre fenómenos térmicos

Las pérdidas de energía que inevitablemente se manifiesten en la máquina durante el funcionamiento, implican una producción de calor que viene, en parte, acumulando en la masa que constituyen la máquina y en parte transmitida a las circundantes, entre los cuales deben ser considerados los medios refrigerantes.

Las leyes que regulan este fenómeno son complejas y se deben tener presente los límites de tratamiento, considerando oportuno introducir algunas simplificaciones que aunque le restan rigurosidad a la solución del problema, mantiene una representación bastante significativa. Supongamos, en consecuencia, que la máquina es un cuerpo homogéneo de elevada conductividad interna, limitando, mediante esta hipótesis, de considerar los fenómenos de acumulación o de transmisión del calor al exterior (convección y radiación).

Poniendo un cuerpo homogéneo, con una elevada conductividad interna en un ambiente a la misma temperatura, no es posible que el cuerpo y el ambiente intercambien calor, pero cuando al cuerpo se le suministra calor proveniente de las pérdidas, en el caso de las máquinas eléctricas, el cuerpo eleva su temperatura y se manifiesta entre el cuerpo y el ambiente un salto térmico y como consecuencia un intercambio térmico entre ambos.

Con el aumento de temperatura del cuerpo, aumenta la cantidad de calor transmitido al ambiente hasta que se alcanza el equilibrio térmico en el cual todo el calor producido en el cuerpo es transmitido al ambiente.

A esta condición denominada "condición de régimen térmico" corresponde una sobretemperatura constante y se alcanza en un intervalo de tiempo más o menos largo que debe considerarse como transitorio.

Naturalmente las condiciones expuestas se verifican solo en el caso de una cantidad de calor constante suministrada en el tiempo al cuerpo en examen.

El mismo fenómeno, pero en sentido inverso, se manifiesta cuando cesa el suministro de calor al cuerpo. El cuerpo comenzará a ceder calor al ambiente hasta que se igualen las temperaturas ambiente y del cuerpo o sea cuando sea eliminado el salto térmico (enfriamiento).

Las ecuaciones generales que rigen estos fenómenos son las siguientes:

$$Pdt = Rd\Delta\theta + H\Delta\theta dt$$

donde P es la potencia recibida por el cuerpo, R la cantidad de calor acumulada en el cuerpo por cada grado centígrado de sobretemperatura, H es la cantidad del calor cedido o recibido por cada grado centígrado de sobretemperatura, $\Delta\theta$ la diferencia de temperatura en el cuerpo y el ambiente y t el tiempo.

1)   Calentamiento con potencia constante a partir de la temperatura ambiente.

$$\Delta\theta = \Delta\theta r\left(1 - e^{-\frac{t}{T}}\right)$$

2)   Enfriamiento con potencia nula y ambiente constante

$$\Delta\theta = \Delta\theta_i \, e^{-\frac{t}{T}}$$

en la cual los símbolos tienen el siguiente significado

$\Delta\theta$ = sobretemperatura del cuerpo en el instante t

$\Delta\theta_r$ = sobretemperatura de régimen

$\Delta\theta_i$ = sobretemperatura inicial

e = base de los logaritmos neperianos = 2, 718

T= constante del tiempo térmico del cuerpo

t = tiempo

Las figuras 1-34 y 1-35 muestran las representaciones gráficas de las dos exposiciones.

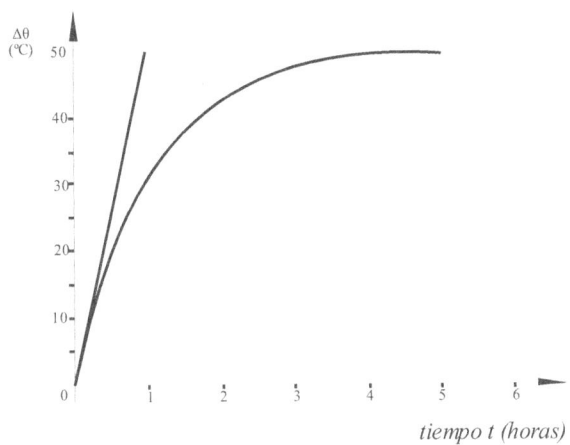

Figura 1-34. Representación gráfica de la expresión $\Delta\theta = \Delta\theta r\left(1 - e^{-\frac{t}{T}}\right)$

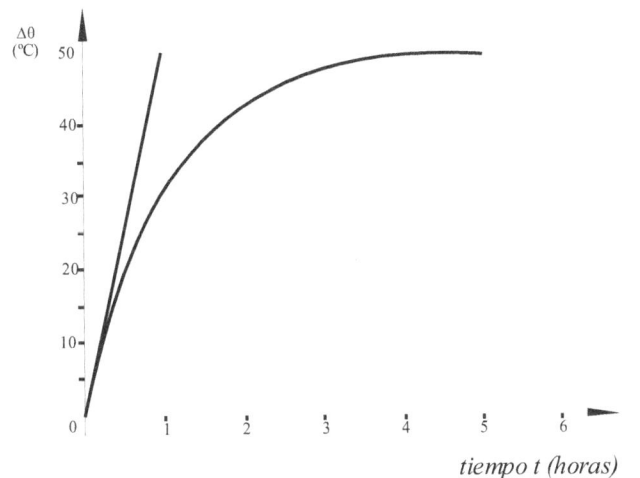

Figura 1-35. Representación gráfica de la expresión $\Delta\theta = \Delta\theta_i\, e^{-\frac{t}{T}}$

De las curvas de calentamiento y de enfriamiento que presentan la particular característica fácilmente demostrable y una tangente constante es igual a la constante del tiempo T.

Cuando se puede decir que el ensayo de calentamiento está prácticamente terminado se determina el valor de la constante del tiempo de la máquina. Este valor en un cuerpo homogéneo depende de las características de la máquina, tiene las dimensiones de un tiempo y es determinado por la relación

$$T = \frac{Q}{H}$$

o sea de la relación entre la cantidad de calor acumulado por grado centígrado y la cantidad de calor cedido por el cuerpo por cada grado centígrado.

Métodos por el Ensayo de Calentamiento

Los métodos para el ensayo de calentamiento son tres, a saber:
- métodos de la carga real;
- método de la circulación de la energía;
- método de cortocircuito.

Los dos primeros métodos son aplicables en transformadores aislados en aire, en aceite mineral o sintético, mientras que el método del cortocircuito es aplicable solo para los transformadores aislados en aceite.

Durante la prueba, las condiciones de funcionamiento del sistema de refrigeración no deben ser diferente del normal provisto por el fabricante.

Las condiciones de régimen térmico se considerarán cumplidas cuando la sobretemperatura del aceite, en los puntos más calientes, sea constante y cuando resulte constante el salto térmico entre la entrada y la salida del refrigerante. Para relevar la temperatura en el núcleo magnético, especialmente en el caso de máquina de potencia notable, pueden ser usados termómetros o termocuplas.

La prueba de calentamiento puede efectuarse, ya sea, para la verificación de la temperatura alcanzada en las diversas partes de la máquina en funcionamiento a régimen permanente o en el funcionamiento a régimen transitorio.

Un factor que tiene gran importancia cuando el ensayo debe efectuarse dentro del ciclo de pruebas de aceptación es que el método a usar para el ensayo de calentamiento debe ser elegido de común acuerdo con el fabricante, poniendo en evidencia que una vez elegido el método y aplicado con todos los criterios de regularidad, los resultados obtenidos no pueden ser puestos en discusión.

1.3.7 Método de la carga real

El método de la carga real, conceptualmente es el método más simple para realizar la prueba de calentamiento; se hace extremadamente dificultoso cuando se lo debe aplicar a máquina de una potencia notable.

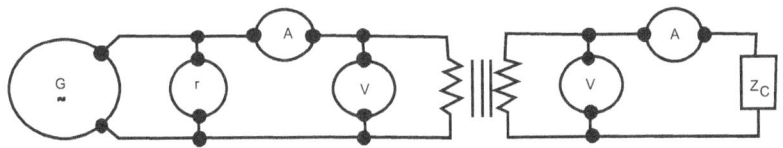

Figura 1-36. Esquema para el ensayo de calentamiento de un transformador monofásico mediante el método de la carga real.

El transformador debe ser alimentado en el arrollamiento que en funcionamiento se considera como primario (arrollamiento de alta tensión para transformadores destinados a las redes de distribución) con valores de tensión y de frecuencia iguales a los nominados expresados en las características, mientras el arrollamiento secundario deberá ser cargado con un utilizador afín al transformador que pueda suministrar la corriente nominal y el factor de potencia nominal (generalmente 0, 8 en retardo).

El ensayo debe ser prolongado hasta alcanzar las condiciones del equilibrio térmico. Al término se procederá a la medición de la temperatura de los arrollamientos y del núcleo magnético. En el caso del transformador aislado en aceite se medirá la temperatura del mismo.

La potencia nominal de un transformador viene definida como el producto de la corriente nominal por la tensión nominal en vacío, según un coeficiente que depende del número de fases del transformador. El valor así obtenido difiere de aquel de la potencia real determinada teniendo en cuenta la caída de tensión provocada en la máquina bajo carga y en función de las características constructivas y de las pérdidas.

Es necesario recordar que el valor de la corriente primaria absorbida será dado por el valor nominal del arrollamiento secundario y la parte de corriente necesaria para la magnetización. Si se indica con I'_1 el valor de la corriente secundaria referida al primario con un valor de potencia relativo a la carga aplicada, con I_0 la corriente magnetizante, cuyo valor ha sido relevado en el ensayo en vacío y relativo al factor de potencia, la corriente primaria I_1, que viene absorbida por el arrollamiento alimentado, durante la prueba de calentamiento puede ser deducida con notable aproximación de la relación:

$$I_1 = I'_1 + I_0 \cos(\varphi_0 - \varphi)$$

1.3.8 Método de circulación de energía

Cuando se debe realizar el ensayo con el método de circulación de energía se debe tener a disposición, además de la máquina en prueba, otra de iguales características, derivando los dos transformadores de la misma red de alimentación y conectados en paralelo en el secundario.

La red de alimentación debe poder suministrar la tensión y la frecuencia nominales, mientras los transformadores absorben solo la potencia aparente necesaria para el funcionamiento en vacío comprendida la potencia activa correspondiente a las pérdidas en el hierro. Para que la prueba sea válida es necesario crear un acoplamiento tal, que mediante el cual se ponga de manifiesto las pérdidas en los arrollamientos.

Para lograr este propósito, mediante un transformador adecuado se introduce en el circuito una fuerza electromotriz variable, mostrado en la figura 1–37, en la cual un regulador a inducción suministra la tensión al transformador auxiliar.

Es evidente que regulando en forma adecuada el valor de la tensión de alimentación del transformador auxiliar se puede lograr que en el arrollamiento secundario del transformador en prueba circule la corriente nominal, mientras en el arrollamiento primario circulará una corriente seguramente diferente a la nominal constituida de la suma vectorial de la corriente opuesta a la secundaria y de la corriente magnetizante.

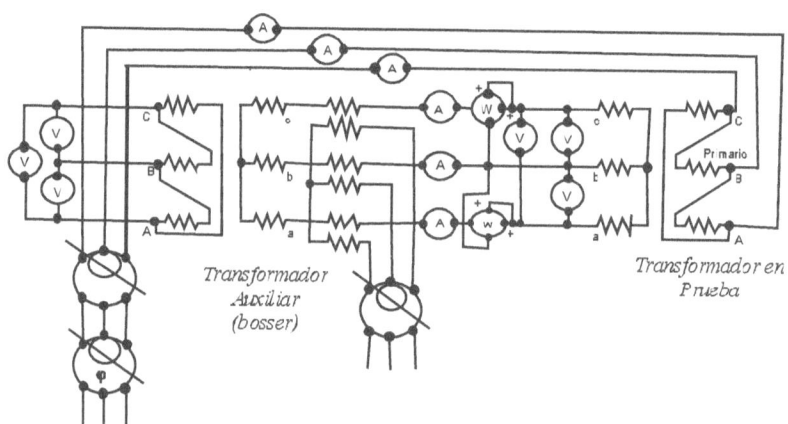

Figura 1-37. Esquema para la ejecución del ensayo de calentamiento de un transformador trifásico mediante el método de la circulación de energía.

A través del transformador auxiliar se suministra solo la potencia aparente necesaria para hacer circular la corriente nominal en los arrollamientos de la máquina, y, en particular la potencia activa correspondiente a aquella absorbida del transformador por las pérdidas en el cobre.

Las dos máquinas son así expuestas a condiciones de funcionamiento, por cuanto las pérdidas no son muy diferentes de las que corresponden al funcionamiento normal.

Se logra así el ensayo de calentamiento suministrando a la máquina la potencia necesaria para suplir las pérdidas. Como se ha dicho anteriormente, el valor de la corriente primaria I_1, si el transformador está previsto para funcionar a un cierto régimen de carga y a un cierto factor de potencia, se puede calcular por la siguiente expresión:

$$I_1 = I_1^1 + I_0 \cos(\varphi_0 - \varphi)$$

Por ello es lógico que difícilmente se pueda verificar esta condición, por cuanto el valor de la corriente primaria puede variar según la fase de la tensión de salida del transformador auxiliar del valor $I_1^1 + I_0$ al valor $I_1^1 - I_0$.

Para poder obtener las condiciones ideales de prueba es necesario contar, aparte de los elementos mencionados, con un variador de fase para insertarlo en la red de alimentación, completando así el circuito de la figura 1-37.

Durante la prueba deben ser mantenidos constantes los siguientes valores:
- tensión y frecuencia de alimentación
- corriente en los arrollamientos del transformador en prueba.

A intervalos regulares de tiempo, se deberán relevar los valores de las temperaturas extremas de la máquina, y, al finalizar la prueba se deben medir la resistencia de los arrollamientos para la determinación de la sobretemperatura alcanzada.

Método de cortocircuito

El método del cortocircuito encuentra su aplicación cuando la prueba se hace sobre transformadores de potencia a dos arrollamientos aislados en aceite.

Este método ofrece una notable ventaja de comodidad sobre los precedentemente descriptos y los resultados de su aplicación pueden ser considerados como muy atendibles para la ejecución de la prueba. Por este método, el transformador, manteniendo las condiciones de refrigeración normales, debe tener uno de los arrollamientos en cortocircuito y debe ser alimentado del otro arrollamiento con una fuente de tensión regulable, realizando el circuito de la figura 1-38.

Regulando el valor de la tensión de alimentación es posible suministrar al transformador una potencia, cuyo valor debe ser igual a la suma de las potencias correspondientes a la suma de las pérdidas con el cobre a corriente nominal, a 75°, con las pérdidas en vacío, a tensión y frecuencia normales.

En consecuencia, con este sistema se somete a los arrollamientos de la máquina a todas las pérdidas del transformador.

Se concreta la prueba manteniendo constante la potencia suministrada al transformador hasta alcanzar el régimen térmico relevando los valores de la temperatura del aceite en los puntos más calientes.

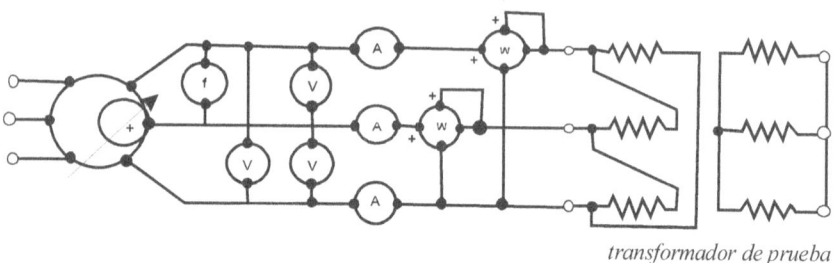

transformador de prueba

Figura 1- 38. Circuito usado para el ensayo de calentamiento de un transformador trifásico por el método del cortocircuito.

El valor de la sobretemperatura para las condiciones de funcionamiento normales se determina restando del valor de la temperatura relevado el correspondiente de la temperatura ambiente. Alcanzado este punto se reduce la corriente en los arrollamientos de manera que circule el valor nominal previsto para el funcionamiento normal, manteniendo esta condición por un tiempo aproximado a una hora, es decir, el tiempo necesario para que el cobre tome un salto de temperatura constante respecto al aceite.

Desconectada la máquina de la red de alimentación, se procede a la medición de la resistencia de los arrollamientos relevando en el mismo momento el valor de la temperatura de aceite en el punto más caliente. El valor resultará algo inferior al relevado en la primera parte de la prueba cuando la máquina está sometida a las pérdidas totales.

Establecido así el salto entre la temperatura media del cobre y la del aceite en el punto más caliente en el momento de la desconexión, la sobretemperatura de los conductores que constituyen los arrollamientos, correspondientes a las condiciones de funcionamiento normales, se determina adicionando el valor del salto al valor de la sobretemperatura del aceite relevado, al momento de la desconexión.

Para aclarar este punto supongamos que en el momento de la reducción de corriente se registran los siguientes valores:

Temperatura del aceite en el punto más caliente $\quad$ $\theta_0 = 72°$ C

Temperatura ambiente $\quad$ $\theta_a = 25,5°$ C

Sobretemperatura del aceite en el punto más caliente $\quad$ $\Delta\theta_a = 72 - 23,5 = 48,5°$ C

Después de una hora de funcionamiento a corriente nominal, se miden las resistencias de las bobinas y así determinar la temperatura en el cobre.

Temperatura en el cobre primario $\quad$ $\theta_1 = 79, 8°$ C

Temperatura en el cobre secundario $\theta_2 = 80{,}5°\,C$
Temperatura en el aceite $\theta^1{}_a = 71{,}2°\,C$

Se calcula ahora el gradiente de los dos arrollamientos respecto a la temperatura máxima del aceite, resultando:

Gradiente del cobre primario $G1 = 79{,}8 - 71{,}2 = 8{,}6°\,C$
Gradiente del cobre secundario $G2 = 80{,}5 - 71{,}2 = 9{,}3°\,C$

Los valores de la sobretemperatura correspondiente a las condiciones nominales de funcionamiento se calculan sumando a estos valores, aquellos de la temperatura del aceite, relevado al momento de la reducción de carga.

Sobretemperatura del cobre primario $\Delta\theta_1 = 8{,}6 + 48{,}5 = 57{,}1°\,C$
Sobretemperatura del cobre secundario $\Delta\theta_2 = 9{,}3 + 48{,}5 = 57{,}8°\,C$

Medición de la temperatura de los arrollamientos obtenidos por variación de resistencia

Muchas veces, en el tratamiento de los métodos a usar para la prueba de calentamiento se ha mencionado la medición de la temperatura de los arrollamientos obtenidos por la variación de la resistencia óhmica, que en el caso de los transformadores de potencia debe ser realizado como sigue:

Medición de resistencia en frío

Se realiza antes de iniciar el calentamiento de la máquina y después de una permanencia del transformador en el ambiente de prueba tal de poder considerar que la temperatura de los arrollamientos sea prácticamente igual a la del ambiente en el cual se opera.

En el caso de transformadores trifásicos a dos arrollamientos se realiza según el circuito mostrado en la figura 1-39, reduciendo la constante de tiempo del circuito, $T = \dfrac{L}{R}$, mediante la inserción de la resistencia R, tomando algunos puntos con diferentes intensidades de corriente y luego calculando la media aritmética de los valores medidos.

Llegando a este punto se desconecta el punto de medición del transformador anotando la modalidad con la cual han sido conectadas las terminales para repetirlos después del calentamiento.

*circuito de prueba
de calentamiento*

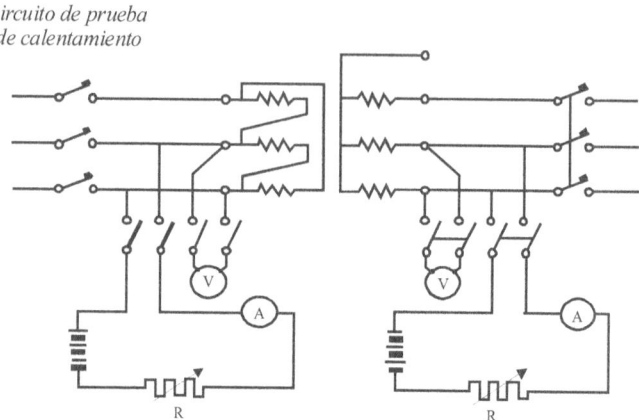

Figura 1-39. Circuito para la medición de la resistencia en un ensayo de calentamiento.

1.3.9 Medición de la resistencia en caliente

Al término del ensayo de calentamiento se desconecta la máquina del circuito predispuesto, y, en el tiempo más breve posible, se repiten las conexiones con el circuito de medición, con el propósito de relevar la resistencia en función del tiempo.

La medición se realiza alternativamente sobre dos circuitos a intervalos de tiempo no superiores al minuto. La medición resultará tanto más precisa cuando menor sea el intervalo de tiempo entre la desconexión de la máquina del circuito de calentamiento y la primera medición. En general, personal habituado a este tipo de operaciones no demora más de 30 segundos para efectuar la primera medición.

Los valores de la resistencia en función del tiempo, como es lógico, tiene un andamiento decreciente y resulta posible determinar el valor de la resistencia en el momento de la desconexión. Se puede proceder de varias formas; la más simple es la de la extrapolación gráfica, el tiempo cero, de los valores de resistencia medidos, figura 1-32.

Para transformadores aislados en aceite, la determinación del valor de la sobretemperatura alcanzado por los arrollamientos, al momento de la desconexión, puede ser determinada mediante el cálculo, en base a la resistencia medida durante un tiempo, adicionando un término correctivo que toma en cuenta el tiempo de retardo y las características de los arrollamientos.

Está demostrado que el enfriamiento de un tipo medio de arrollamiento sumergido en aceite, durante los primeros 4ó 5 minutos después de la desconexión es aproximadamente una función de la pérdida específicas es decir de los wah de pérdida por kilogramo de cobre desnudo.

1.4 MEDICIÓN DE LA CAPACIDAD ENTRE LOS ARROLLAMIENTOS

Cuando un transformador está expuesto a transitorios de tensiones a frecuencia elevadas, siendo éstas provenientes de ondas de carácter impulsivo o debidas a sobretensiones de maniobra en la red de alimentación, es posible que a través del acoplamiento capacitativo que existe entre los arrollamientos, se transfieren tensiones que pueden resultar peligrosas para las personas que operan el sistema y para la integridad de la aislación usado en la máquina. Este problema tiene como particularidad que entre todo aquello que interesa para el proyecto y ejecución del sistema puede ser de utilidad el conocimiento de las capacidades referidas al sistema constituido por los arrollamientos y la masa del transformador.

La medición se realiza en baja tensión, utilizando uno de los métodos de puente, teniendo en cuenta que cuando se determinan los valores de la capacidad existente en cada arrollamiento y alguno de los otros, y la masa, es necesario hacer un cierto número de mediciones, realizando el acoplamiento de los electrodos de modo de poder establecer, con los resultados obtenidos, un sistema de ecuaciones, cuyas incógnitas representen los valores de la capacidad a determinar. Para lograr que el sistema de ecuaciones resulte de primer grado es necesario tener en cuenta la advertencia, durante la medición, de no dejar nunca libre algún arrollamiento, midiendo por lo tanto capacidad en paralelo.

El número de ecuación y el número de medición a realizar se define por el grado de libertad posible, es decir, del número de acoplamientos con los electrodos.

En general, el número de medición a realizar viene dado por la expresión:

$$\frac{n(n-1)}{2}$$

En la que n representa el número de electrodos, es decir, el número de arrollamientos del transformador más la masa.

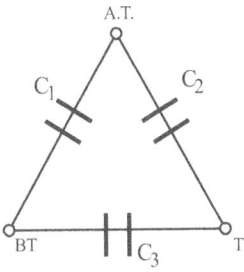

Figura 1-40. Circuito equivalente de las capacidades de un transformador de dos arrollamientos.

En el esquema de la figura 1-40 se ha representado el circuito equivalente del sistema de capacidades aislantes de un transformador a dos arrollamientos.

En la figura C_1 representa el valor de la capacidad existente entre el arrollamiento de baja tensión (BT) y la masa (T).

Para conocer los valores de las tres capacidades se deben realizar tres mediciones independientes, conectando los electrodos de modo de obtener las siguientes condiciones:

AT/BT – T= A
BT/AT – T= B
AT- BT/T= C

Las mediciones, cuyos resultados son representados por las letras A, B, C expresan las siguientes ecuaciones:

$C_1 + C_2 = A$
$C_1 + C_3 = B$
$C_2 + C_3 = C$

O sea conforman un sistema de primer grado de tres ecuaciones con tres incógnitas que tiene las siguientes soluciones:

$$C_1 = \frac{A + B - C}{2}$$

$$C_2 = \frac{A - B + C}{2}$$

$$C_3 = \frac{B + C - A}{2}$$

Que son los valores de las capacidades buscadas.

Para los transformadores de tres arrollamientos (cuatro electrodos) el sistema equivalente de las capacidades es el mostrado en la figura 1-41 en el que se observa que los valores a determinar son seis.

Es necesario realizar seis mediciones indiferentes independientes sin dejar ningún arrollamiento libre se obtienen las siguientes relaciones:

AT/ MT - BT – T = A
MT/AT - BT – T = B
BT/ AT – MT – T = C
AT – MT. BT/ T = D
AT. MT/ BT –T = E
AT – BT/ MT – T = F

Las mediciones cuyos resultados están representados por las letras A, B, C, D, E, F conforman las siguientes ecuaciones:

$C_1 + C_2 + C_3 = A$
$C_1 + C_5 + C_4 = B$
$C_2 + C_5 + C_6 = C$
$C_5 + C_4 + C_2 + C_3 = E$
$C_3 + C_6 + C_1 + C_5 = F$

O sea que constituyen un sistema de primer grado de seis ecuaciones con seis incógnitas, cuyas soluciones son las siguientes:

$$C_1 = \frac{A + B - E}{2} \qquad\qquad C_2 = \frac{A + C - F}{2}$$

$$C_3 = \frac{E + F - B - C}{2} \qquad\qquad C_4 = \frac{B + D - F}{2}$$

$$C_5 = \frac{E + F - A - D}{2} \qquad\qquad C_6 = \frac{C + D - E}{2}$$

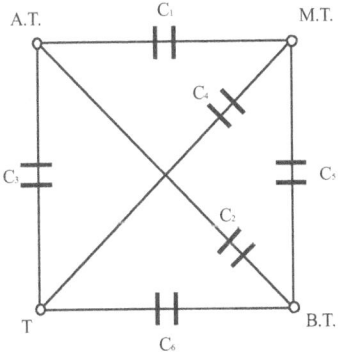

Figura 1-41. Circuito equivalente de las capacidades de un transformador de tres arrollamientos.

1.5 ENSAYOS DE AISLACIÓN

Se define como ensayo de aislación, las mediciones efectuadas para verificar el nivel de aislación del dieléctrico en las máquinas o en los aparatos eléctricos, examinando por medio de procedimientos convencionales, la eficiencia aplicando solicitaciones comparables con las previstas en el diseño y verificando que la máquina o el aparato las soporte sin sufrir daños.

Los ensayos de aislación tienen también la función de verificar la calidad y el tratamiento de los dieléctricos utilizados en la construcción.

Cuando una máquina o un aparato viene insertado en una red de suministro, puede sufrir solicitaciones en el dieléctrico superiores a las de funcionamiento normal. En todos los sistemas eléctricos se manifiestan sobretensiones, las cuales pueden ser descargas directas o indirectas o ligadas a las maniobras que se realizan en la red.

Es evidente que el grado y las características de las sobretensiones dependen de la causa que le dio origen y de las características de la red donde se producen.

En términos generales, se puede decir que las sobretensiones de origen atmosférico se producen en las redes expuestas o aquellas compuestas de líneas aéreas mientras que las de origen interno tienen como causa una falla o una maniobra y se registra en cualquier tipo de redes.

La tendencia actual, en la construcción de los sistemas de distribución o de transporte, es fijar un nivel de aislación, al cual se deben adoptar todas las máquinas y los aparatos que forman parte de la red. Los proyectistas deben tomar todas las precauciones para evitar que las sobretensiones eventualmente sobrepasen los límites fijados. Técnicamente este procedimiento se denomina coordinación de la aislación.

De lo dicho anteriormente se deduce que los ensayos de aislación deben ser clasificados en dos grupos diferentes, según que se trate de pruebas a frecuencia industrial o de pruebas de carácter impulsivo:

Del primer grupo forman parte:
-    la medición de la resistencia de aislación
-    la prueba de tensión aplicada
-    la prueba de tensión inducida

La medición de la resistencia de aislación no reviste particular importancia y puede considerarse como una prueba preliminar y tiene el objeto de suministrar una información útil para la ejecución de las otras pruebas.

Las pruebas de tensiones aplicadas tienen el propósito de verificar el grado de aislación del dieléctrico puesto entre arrollamientos y masa, entre arrollamiento y arrollamiento, etc.

Al segundo grupo corresponde la prueba realizada mediante la aplicación a la máquina de impulsos de tensión y tiene el objetivo de verificar el comportamiento de la aislación frente a solicitaciones creadas por sobretensión de origen atmosférico.

1.5.1 Medición de la resistencia de aislación

En el campo de las mediciones de características industriales, la medición de la resistencia de aislación se efectúa con corriente continua mediante el empleo de medidores de resistencia (óhmetros) o de instrumentos particularmente adoptados para la medición de resistencia de valores elevados.

En las mediciones de este tipo se deberán tener en cuenta los siguientes elementos:

a)   Valor de la tensión aplicada
b)   Tiempo de aplicación de la tensión de prueba
c)   Temperatura
d)   Grado de humedad contenido en el dieléctrico

Se deberán tomar las precauciones necesarias para evitar que las corrientes superficiales de dispersión, afecten los resultados obtenidos, adoptando, si es necesario, usar los dispositivos de protección, como son los anillos de guarda.

La prueba se realiza, no para obtener el grado suficiente de información que permiten verificar las condiciones del dieléctrico, sino para evitar la prosecución de los ensayos en el caso que se detectan defectos notables.

La resistencia de aislación medida en la temperatura próxima a la de régimen térmico, no debe ser inferior al valor en meghom, que resulta de la siguiente expresión:

$$R_{iS} = \frac{\text{tension a los terminales en Volt}}{\text{Potencia en KVA} + 1000}$$

Con un valor mínimo en cada caso de 1M. Ω

La medición debe ser efectuada, haciendo tantas pruebas como el número de arrollamiento más uno. Para un transformador de dos arrollamientos es necesario hacer las siguientes mediciones:

- arrollamiento de alta tensión, contra el de baja tensión conectado a masa
- arrollamiento de baja tensión, contra el de alta tensión conectado a masa
- arrollamiento de alta tensión y de baja tensión conectado entre ellas, respecto a masa.

1.5.2 Ensayo de tensión aplicada

El ensayo de tensión aplicada se realiza casi siempre en corriente alterna a frecuencia industrial y sólo raramente con corriente continua. La figura 1-42 muestra un circuito de un equipo generador de alta tensión a frecuencia industrial

El valor de la tensión y el tiempo de aplicación dependen de qué valores se quieren obtener y del tipo de máquina en prueba.

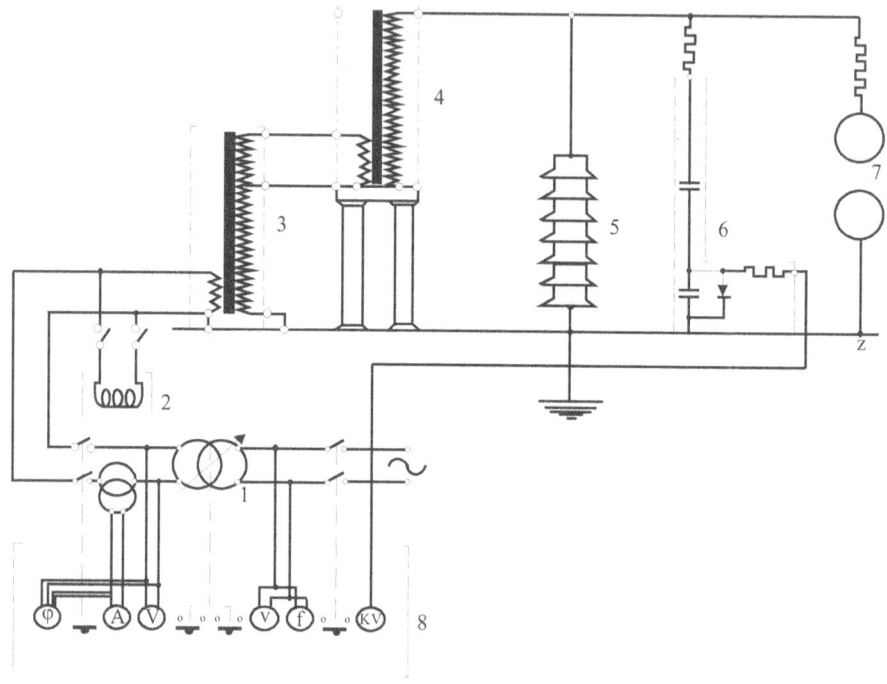

Figura 1-42. Esquema de un equipo generador de alta tensión a frecuencia industrial.

1. Transformador regulador
2. Bobina de compensación
3. Transformador de prueba con devanado de acoplamiento
4. Transformador de prueba conectado en serie con pos. 3
5. Objeto en prueba
6. Potenciómetro capacitivo
7. Espinterómetro
8. Pupitre de mando

Las pruebas de tensión aplicadas sobre los transformadores de potencia son dos: la primera de corta duración que se realiza a una tensión acorde al nivel de aislación de los arrollamientos en prueba y debe ser aplicada durante 1 minuto; la segunda de larga duración se realiza a una tensión algo superior a la tensión nominal de los arrollamientos y debe ser aplicada durante 40 minutos.

Se debe tener en cuenta que en el ensayo de aislación de cualquier naturaleza, el grado de solicitaciones a que vienen expuestos los arrollamientos depende del valor de cresta de la tensión aplicada por lo cual la medición de la tensión debe ser efectuada aplicando métodos usados para medir la tensión de cresta.

En líneas generales el ensayo se efectúa con el circuito mostrado en la figura 1-43 que se refiere al ensayo de aislación de un transformador al cual se le aplica una tensión entre el arrollamiento de alta tensión y el de baja tensión unido metálicamente a la cuba y a la instalación de tierra.

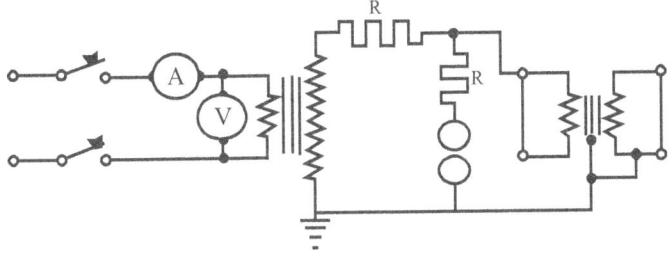

Figura 1-43. Circuito eléctrico para el ensayo de tensión aplicada.

El valor de la tensión de prueba se obtiene mediante la interposición de un transformador en función de elevador y se regula en el lado de arrollamiento de baja tensión mediante un transformador regulador o un alternador, figura 1-42.

Uno de los terminales de arrollamiento del transformador elevador debe ser conectado a la instalación de puesta a tierra, mientras el otro se conecta con los terminales de salida del arrollamiento en prueba.

El valor de la tensión se determina mediante el uso de un espinterómetro a esferas, sobre el cual la tensión de descarga es función de la tensión de cresta. Mediante el espinterómetro se efectúa la calibración de un voltímetro de precisión colocado sobre el lado primario del transformador elevador.

Se limita el valor de la calibración a una tensión del orden de los 80% de aquella fijada para la prueba, a los efectos de no someter los aislantes del arrollamiento en prueba a solicitaciones gravosas que pueden presentarse en el momento de la descarga en el espinterómetro. Es necesario recordar que la naturaleza de la carga a que está expuesto el transformador elevador es de tipo capacitivo y que la corriente puede tomar valores notables y surgiendo así la imposibilidad de que el valor relativo al secundario del elevador pueda ser deducido a la tensión primaria a través de la relación de transformación en vacío, dado que la tensión secundaria será superior a la obtenida mediante el cálculo.

Empleando un transformador de tensión o un divisor para obtener la tensión de prueba, se puede disponer de dispositivos adecuados para la determinación de la tensión de cresta. Cualquier otro método resultará erróneo. En muchas instalaciones de prueba, la medición de la tensión se efectúa mediante el uso de aparatos, cuyo esquema se muestra en la figura 1-42, con los cuales es posible obtener el valor de cresta o el valor eficaz de la tensión. El instrumento debe ser obviamente insertado en el circuito de alta tensión.

El resultado de un ensayo de tensión aplicada, debe considerarse favorable cuando al término del ensayo no se manifestaron descargas, fácilmente detectables si en el circuito está incluido un amperímetro inserto en la forma indicada en la figura 1-43 o un voltímetro. Mediante el brusco aumento de la desviación del indicador de estos instrumentos, se podrá tener la percepción de la descarga con mucha mayor seguridad que la obtenida mediante el uso de los sentidos.

Durante la prueba de tensión aplicada se debe tomar la precaución de conectar, en cada caso, a la masa del transformador los arrollamientos no sometidos a prueba.

Las operaciones a seguir son las siguientes:

1) Prueba de larga duración. Se realiza sobre máquinas cuya tensión nominal supera los 500 V, aplicando, durante 40 minutos, una tensión igual 1,3 veces la mayor de las tensiones establecidas en la placa de características.

2) Pruebas de corta duración. Se concreta después que la prueba de larga duración ha sido positiva, por 1 minuto, a una tensión cuyo valor depende de los dos criterios siguientes:

a. Para máquinas coordinadas para tensiones nominales de aislación según la norma respectiva, la tensión de prueba será aquella que establece la norma de coordinación de la aislación.

b. Para máquinas no coordinadas para tensiones nominales de aislación, según normas, el valor de la tensión de prueba se determina, en Volt, mediante la siguiente expresión:

$$V = 2E + 1000$$

Siendo E el máximo valor de la tensión en Volt. consignado en la placa característica, para el arrollamiento respectivo.

En el caso particular de transformadores adoptados para funcionar en el servicio de redes de distribución, con una tensión primaria superior a 500V, el valor de la tensión de prueba no debe ser, en ningún caso, inferior a 10 kV.

1.5.3 Ensayo de tensión inducida.

El ensayo de tensión inducida, conocido también como la "tensión aumentada" tiene el propósito de verificar el grado de aislación existente entre espiras constitutivas de los arrollamientos que forma parte de la máquina eléctrica y consiste en hacer funcionar los arrollamientos a una tensión superior a la de servicio, por un tiempo determinado.

Para poder realizar esta prueba sin aumentar en modo considerable el valor de la inducción, se recurre al aumento de la frecuencia.

La máquina viene alimentada en vacío, de uno cualquiera de los arrollamientos por un tiempo correspondiente a 6000 períodos, a una frecuencia convenientemente alimentada pero no superior a 500 Hz.

El esquema con que se realiza el ensayo es el mostrado en la figura 1-42 en el cual la tensión de prueba se obtiene de un convertidor de frecuencia asíncrono.

El tiempo en el cual la máquina debe ser sometida a la prueba, t, expresado en segundos se determina en base a la frecuencia usada, expresada en Hz, con la relación:

$$t = \frac{6000}{f}$$

El valor de la tensión de prueba se establece según que el transformador tenga todos los terminales plenamente aislados de masa, que tenga el conductor nuestro o uno de los polos destinado a ser conectado a masa. Para los transformadores con todos los terminales con aislamiento pleno, la tensión de prueba de ser igual 1,5 veces lo más alta de las tensiones nominales de los arrollamientos.

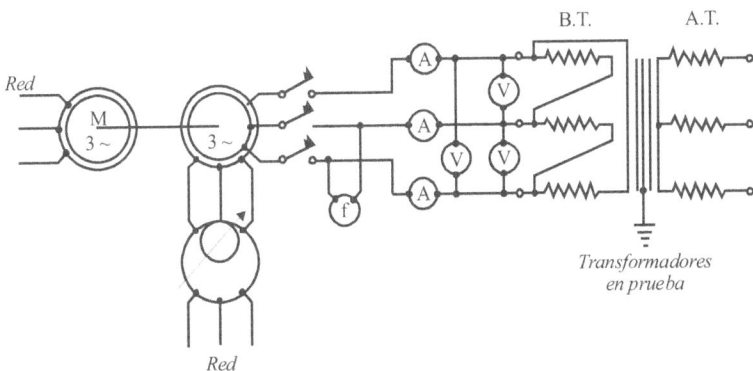

Figura 1-42. Esquema que puede ser utilizado para el ensayo de tensión inducida.

Para transformadores con un polo, o el neutro, a conectar con la instalación de puesta a tierra (aislación gradual) se consideran los dos casos siguientes:

1) Para transformadores no coordinados para tensiones nominales de aislamiento, la tensión de prueba debe ser tal que la tensión inducida entre los terminales aislados y la masa sea igual a 1,5 veces la máxima tensión concatenada del de los circuitos independientes.

2) Si el transformador está coordinado para la tensión nominal de aislamiento, la tensión inducida entre el terminal y masa deberá tener el valor especificado en la norma respectiva.

Para los transformadores trifásicos, la prueba puede ser ejecutada aplicando una tensión monofásica en forma cíclica, realizando los esquemas mostrados en la figura 1-43, en los cuales para el caso de un aislamiento no coordinado (punto 1), con la letra V, se entiende la tensión nominal concatenada relativa al arrollamiento de baja tensión.

Examinando los esquemas mostrados, es posible notar que durante la prueba, el punto neutro del arrollamiento de alta tensión es solicitado, respecto a masa, con un valor de tensión igual a la mitad de la tensión concatenada nominal, es decir ½ de la tensión con respecto a masa relativa al terminal de línea en tensión.

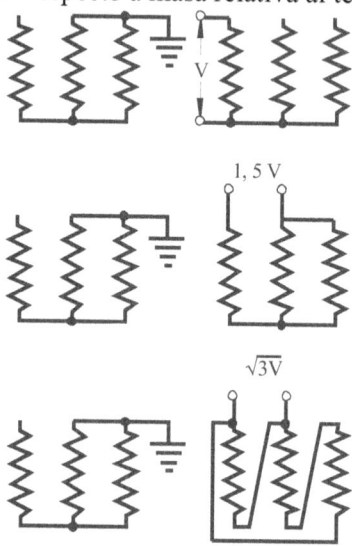

Figura 1-43. Esquemas para la ejecución de la prueba con tensión inducida monofásica en transformadores trifásicos.

En general, cuando son sometidas a prueba máquinas de gran potencia diseñadas para funcionar con tensiones elevadas, los valores y las modalidades de la prueba son convenidos por acuerdo directo ante el fabricante y el comprador.

En el caso de que la tensión de alimentación no sean simétricas como consecuencia del desequilibrio existente entre las corrientes de línea; especialmente cuando deben concretarse pruebas sobre máquinas de potencia elevada, se deberá tomar como valor de la tensión la media aritmética de las tres lecturas de los voltímetros referidos a la combinación de fases, cuyos valores no deberán diferir demasiado entre sí.

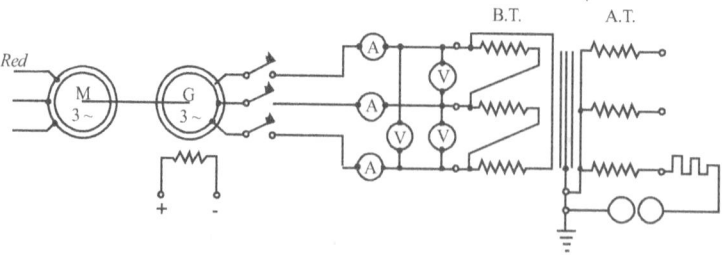

Figura 1-44. Esquema para la verificación de los valores que se manifiestan sobre el arrollamiento de alta tensión durante la prueba de aislación con tensión inducida.

1.5.4 Ensayo con tensión de impulso

Los transformadores destinados a ser insertados en redes expuestas a la sobretensiones de origen externo, deben ser protegidos y construidos de modo de poder soportar, sin daños, durante el funcionamiento, las solicitaciones derivadas de la onda de sobretensión, cuando naturalmente, la entidad de las sobretensiones sea contenida en el valor del nivel de aislación previsto para la red.

Este concepto ha determinado la necesidad de someter la máquina a pruebas ejecutadas con tensiones impulsivas, que sean en un grado de reproducir, al menor dentro de determinadas convenciones, las solicitaciones derivadas de las sobretensiones de la red, para comprobar el comportamiento del transformador.

La prueba con tensión de impulso debe ser realizada utilizando impulsos de forma de onda normalizada convencionalmente elegidos.

1.5.4.1 Forma de onda normalizada

La tensión de impulso es un tensión unidireccional, la cual crece rápidamente hasta su valor máximo y luego decrece constante hasta cero.

La forma de onda se define en función de los tiempos T_1 y T_2 en microsegundos, donde T_1 el tiempo que transcurre entre el inicio y el pico de la onda y T_2 el tiempo total desde el inicio hasta el momento en que la tensión ha caído el 50% de su valor máximo, figura 1-45.

La forma de onda está referida a la relación $\dfrac{T_1}{T_2}$

El método exacto para definir la onda de tensión de impulso está especificado por varias entidades internacionales de normalización. La Comisión Electromecánica Internacional define la onda de tensión de impulso en términos de duración normal del frente y de la cola.

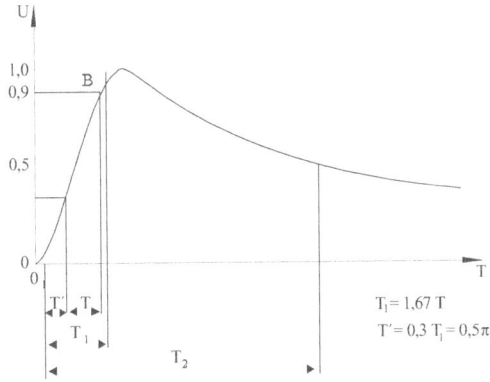

Figura 1-45. Onda de impulso normalizada.

El tiempo de frente es definido por

$T_1 = 1,67\,T$

T es el tiempo que transcurre entre los puntos A y B de la tensión, o sea entre el 30% y el 90% de su valor máximo.

El punto O es donde la recta AB corta el eje de los tiempos. El tiempo normal de cola T_2 es el tiempo comprendido entre O y el punto sobre la cola de la onda donde la tensión es del 50% de su valor máximo. La forma de la onda es definida como T_1 / T_2 y de acuerdo a las especificaciones de la Comisión Electromecánica Internacional, ese valor es de 1,2/ 50 microsegundos (ms).

Las especificaciones permiten una tolerancia del 30% en el tiempo de frente y del 20% en la duración de la cola.

1.5.4.2 Circuito generador de impulsos de simple etapa

El principio de funcionamiento de un generador de impulso de tensión es el siguiente:

- Un capacitador (C_1) cargado a una tensión continua de polaridad positiva o negativa, se descarga repentinamente, a través de un explosor a esferas, sobre un circuito externo compuesto por los resistores antinductivos R_1 y R_2 y un capacitor C_2 que puede representar en primer aproximación la capacidad del objeto en prueba. Figura 1- 46.

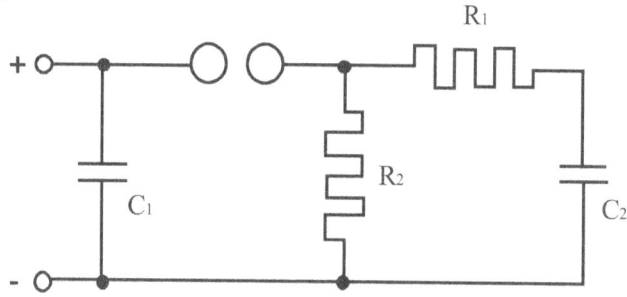

Figura 1-46. Esquema de los principios de un generador de impulso.

En el momento que se produce la descarga en el explosor, el capacitador C_2 se carga con una constante de tiempo definido por la relación

$$T_1 = R_1\,\frac{C_1 C_2}{C_1 + C_2}$$

Simultáneamente los capacitadores C_1 y C_2 se descargan a través de la resistencia R_2 con una constante de tiempo definida por la expresión

$$T_2 = R_2 (C_1 + C_2)$$

(En la relación R_1 y R_2, C_1 y C_2 indican los valores relativos de resistencia y de capacidad).

El valor de la tensión de carga en C_2 pasará por un máximo que corresponde al valor de cresta.

Dado que las constantes de tiempo asumen valores notablemente diferentes siendo

$$C_1 > C_2 \quad y \quad R_1 > R_2$$

Los dos fenómenos que se producen en el mismo circuito pueden ser analizados, esquematizando el circuito como el indicado en la figura 1-47 a y b.

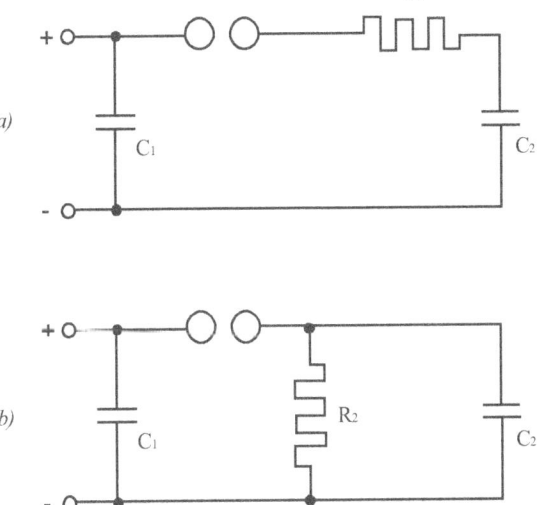

Figura 1- 47. Esquemas del comportamiento de un generador de impulso: a esquema para el frente de onda, b esquema para la cola de la onda.

El circuito representado en la figura 1-47 *a* puede ser considerado válido para el período de tiempo en el cual el valor de tensión aumenta y de la duración del frente depende de los parámetros de este circuito.

El circuito de la figura 1-47 *b* puede ser referido al periodo de descarga y se puede decir que de acuerdo a sus parámetros será la duración de la cola.

Resulta fácil concluir que regulando el valor de la resistencia R_1 denominada "resistencia de frente" es posible regular el valor del tiempo de frente mientras que accionando sobre el valor de R_2, llamada "resistencia de cola", se puede controlar el tiempo de cola.

Se deben tener presente que el circuito descripto no puede ser considerado totalmente libre de inductancia, aspecto representado en el circuito de la figura 1-48 en el cual la inductancia está en serie (inductancia del generador mas la inductancia del circuito de prueba).

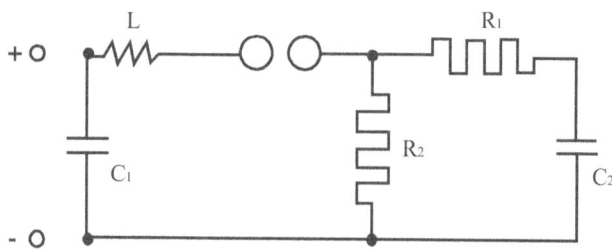

Figura 1-48. Esquema de los principios de un generador de impulso con inductancia.

El efecto relativo a la presencia de la inductancia se caracteriza por una mayor rapidez de frente de onda, que si el valor de la resistencia R_1 es inferior a un determinado valor crítico, determinado por la relación.

$$R_1 = \frac{2}{\sqrt{L \dfrac{C_1 - C_2}{C_1 + C_2}}}$$

La onda puede presentar oscilaciones. Por lo tanto, es de suma importancia que el valor de la inductancia del circuito sea el menor posible, siempre en el orden del microhenry. De lo expuesto se deduce que, siendo constantes los valores de C_1 y C_2 es siempre posible establecer, al menor en primera aproximación, los valores de R_1 y R_2 para obtener sobre el capacitor C_2 tensiones impulsivas de frente y de cola determinados.

1.5.4.3 Circuito generador de impulso multietapas

El circuito de una sola etapa no es adecuado para altas tensiones debido a las dificultades que se presentan para obtener altas tensiones en corriente continua.

Marx implementó un circuito en el que un cierto número de capacitares son cargados en paralelo a través de un resistencia de carga y descargados en serie a través de un espacio descriptivo. La figura 1-49 muestra un generador Marx de cinco etapas.

En este circuito, los capacitores C se cargan en paralelo a través de la resistencia de alta tensión R. En el periodo de carga, los puntos A, B, C, D, y E alcanzarán el potencial de la fuente, + V con respecto a tierra, y los puntos F, G, H, K, L y M permanecerán al potencial de tierra. La descarga del generador se inicia por la ruptura del espacio dialéctico AF , la cual es seguida por la ruptura de los espacios dialécticos restantes.

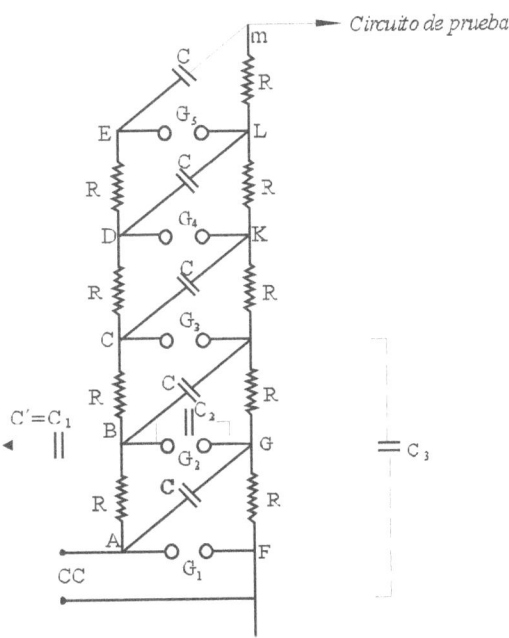

Figura 1-49. Circuito básico de un generador de impulsos de cinco etapas.

Cuando el espacio AF se cortocircuita el potencial en el punto A pasa de +V a cero y el del punto G a –V debido a la carga del capacitor AG.

Si momentáneamente la capacidad C′ es omitida, el potencial de punto B permanece en +V durante el intervalo en que se produce la descarga del espacio AF.

Luego una tensión de 2V aparece a través de BG lo que produce su inmediata descarga. Esta descarga crea un potencial 3V a través de CH y su descarga inmediata. El proceso de descarga continua hasta que el potencia en M llega el valor -5V.

En efecto, la tensión de carga de las capacitares -V va creciendo a -2V, -3V..... –nV si existen n etapas

La tensión de salida del circuito es de polaridad opuesta a la polaridad de la tensión de carga.

Las consideraciones anteriores demuestran que un generador multietapas puede ser operado eficientemente con prescindencia del número de etapas. En la práctica la operación eficiente consiste esencialmente en que la descarga del primer espacio (G_1) produzca después, la descarga del segundo espacio (G_2).

Consideramos que la resistencia de apertura del circuito y las capacidades parásitas son despreciables frente a las capacidades de carga. El punto A se carga a + V, pero el potencial de B es fijado por las magnitudes selectivos C_1, C_2 y C_3 de acuerdo la siguiente expresión

$$V_{BM} = V\left(\frac{C_1 + C_3}{C_1 + C_2 + C_3}\right)$$

La tensión a través del espacio G_2

$$V_{G2_1} = V\left(1 + \frac{C_1 + C_3}{C_1 + C_2 + C_3}\right)$$

Si $C_2 = 0$, V_{G1} alcanza el máximo valor de 2V. Si C_1 y C_2 son nulas, V_G será igual a V_1 o sea el valor mínimo. En apariencia, las condiciones más favorables de operación de un generador de impulso se presentan cuando la capacidad del espacio disruptivo C_2 es pequeña y las capacidades parásitas C_1 y C_3 son grandes.

Las condiciones impuestas en la expresión son transitorias como el comienzo de la descarga de las capacidades parásitas. En la práctica las capacidades parásitas son pequeñas y las constantes del tiempo son relativamente pequeñas, 0,1 µs, o menos. Las resistencias de control del frente de onda en un generador multietapas pueden ser conectadas exteriormente al generador, o distribuidas dentro del generador, o parcialmente, en parte dentro del generador. En los mejores circuitos cerca de la mitad de la resistencia es colocada fuera del generador. La figura 1-50 muestra un circuito completo de un generador multietapas.

Los generadores de impulso vienen caracterizados por la tensión total y el número de etapas y la energía almacenada. La tensión nominal de salida se establece por el producto de la tensión máxima de carga y el número de etapas. Las resistencias y las inductancias en serie con el circuito de prueba hacen que la tensión de salida sea menor que la nominal.

La energía nominal del generador se define como:

$$E_g = \frac{1}{2}C_g V^2$$

donde Cg., es la capacitancia de descarga y V la tensión nominal máxima
. La energía requerida varía según sea el objeto en prueba. Para la prueba de
un aislador o un atravesador, la energía requerida del generador es pequeña, pero
cuando se prueban objetos de baja impedancia como muchos transformadores, la
energía requerida es más grande.

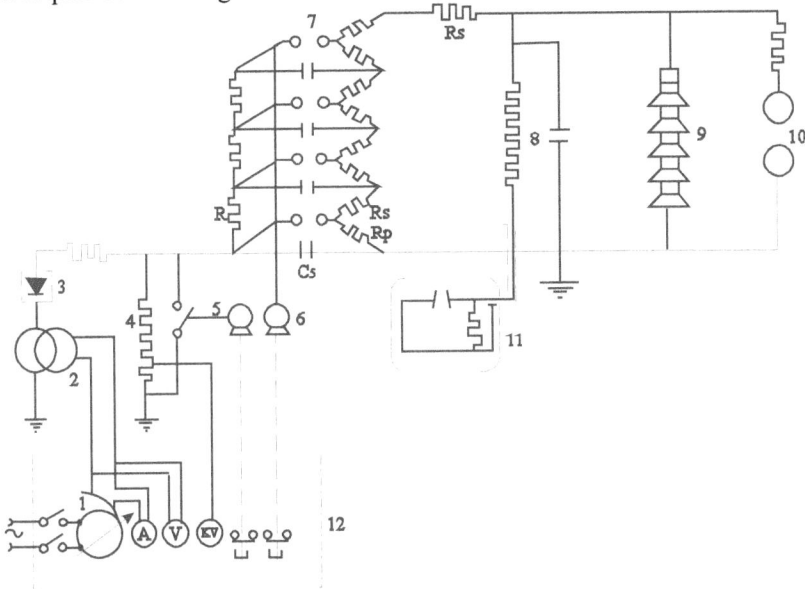

Figura 1-50. Circuito completo de un generador de impulso multietapas.

1 Transformador regulador- **2.** Transformador de alimentación- **3.** Rectificador- **4.**
Potenciómetro óhmico- **5.** Interruptor de puesta a tierra – **6.** Motor de accionamiento de los
explosores - **7.** Generador de impulso: **R**, Resistencias de carga; **R$_p$**, Resistencias en paralelo; **R$_s$**,
Resistencia en serie; **C$_s$**, Condensadores de impulso – **8.** Potenciómetro óhmico blindado por
capacidades – **9.** Objeto en prueba – **10.** Espinterómetro – **11.** Osciló́grafo catódico – **12.** Pupitre
de mando.

1.5.4.4 Circuito utilizado en el ensayo de transformadores

El ensayo de impulso consiste en aplicar al objeto bajo prueba una serie de
impulsos de tensión cuya forma está normalizada. La recomendación IEC 60,
define la forma de onda como 1, 2/ 50. Esta forma de onda ha sido adoptada, como
concepto moderno, de las sobretensiones producidas por las descargas atmosféricas
en las líneas de transmisión.

Un esquema de circuito típico para la realización de ensayos de impulso
sobre transformaciones se muestra en la figura 1-51. Sus componentes
fundamentales son: el generador de impulso de tensión, el divisor de tensión y
eventualmente un espinterómetro, y en mayor medida, el objeto bajo prueba actúan

modificando la forma de onda de la que el generador de impulso suministraría en vacío.

Para registrar las ondas de tensión aplicada se emplea el divisor de tensión desde el cual se transmite al osciloscopio, por medio de un cable coaxil, una señal de tensión reducida que es proporcional a la que se quiera medir. Para obtener la corriente derivada por el arrollamiento del trasformador en ensayo, se utiliza un resistor de desviación Rd. La caída de tensión que la corriente produce sobre Rd se transmite también al osciloscopio por medio de un cable coaxil.

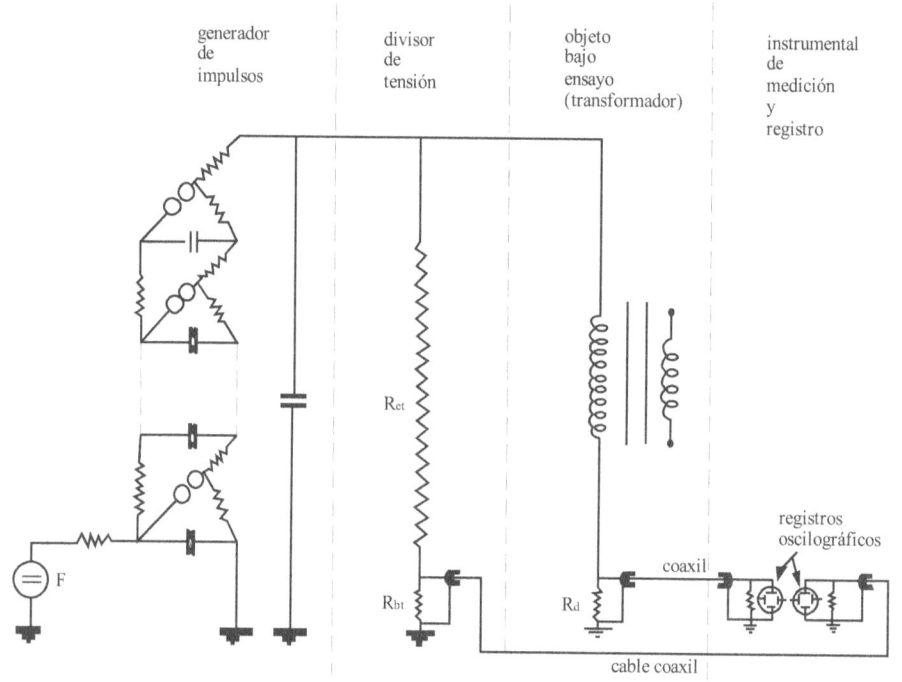

Figura 1-51. Esquema general de la disposición típica de los equipos para el ensayo con impulso de tensión.

1.5.4.5 Metodología del ensayo

El procedimiento para la realización del ensayo de impulso de transformadores está detallado en la recomendación internacional IEC 76. Consiste en la aplicación de tres ondas de tensión, la primera de ellas es una onda completa reducida y las dos restantes son ondas completas plenas.

Con el propósito de evaluar el resultado del ensayo se registran oscilogramas de tensión aplicada y de la corriente derivada a tierra por el arrollamiento bajo ensayo o de otra corriente que suministra suficiente información acerca del comportamiento de la aislación del transformador.

La comparación de los oscilogramas de tensión y de corriente correspondientes a las ondas completas reducida permite estimar el comportamiento del transformador bajo ensayo.

1.5.4.6 Método de registro de corriente

La **tabla 1-12** muestra los esquemas típicos de cada uno de los métodos.

Método	Transformador		
	Monofásico	**Trifásico sin neutro**	**Trifásico con neutro**
Corriente de neutro			
Corriente de cuba			
Inductivo			
Corriente Capacitiva Secundaria			

Para la detección de fallas o defectos de calidad en la aislación, el método de registro de oscilogramas de corriente es el de uso más general debido a su practicidad y sensibilidad.

Este método se fundamenta en que una falla en la aislación se manifiesta como una variación de impedancia del transformador a las ondas de impulso de tensión.

Los métodos más usados que se basan en el registro de oscilogramas de corriente, son:

I. Método de la corriente de neutro

II. Método de la corriente a cuba

III. Método inductivo

IV. Método de la corriente capacitiva secundaria.

1.5.4.7 Análisis de los oscilogramas

La evaluación de los resultados del ensayo de impulso se basa en un análisis de los registros oscilográficos de las ondas de tensión aplicadas y de la corriente que caracteriza al transformador ensayado.

Para ello se compara las formas de onda de los oscilogramas de corriente obtenidos como respuesta del transformador bajo ensayo a solicitaciones de impulso de tensión de distinta amplitud.

Para que la comparación de las formas de onda se puedan realizar con mayor comodidad, es costumbre adecuar la atenuación del osciloscopio de modo que los oscilogramas de corriente resultan con factores de escala tales que, en ausencia de anomalías, se pueden superponer perfectamente los registros que corresponden a niveles de tensión reducida es de 50% del valor de la onda plena, la corriente se registra en el primer caso a doble escala; (atenuación mitad) que en el segundo.

1.5.4.8 Oscilogramas de ondas de tensión

El oscilograma correspondiente a la onda completa reducida indica la forma de onda que caracteriza al sistema "transformador generador de impulso" y es utilizable como referencia para compararlo con los oscilogramas de las ondas plenas, siempre bajo el supuesto de que con onda reducida el transformador se comporta sin fallas.

Si al comparar los oscilogramas de tensión de ondas plenas con el de onda reducida de referencia se observan ligeras variaciones en la forma de onda o pequeñas oscilaciones superpuestas que no sean atribuidos a causas externas al transformador, tales diferencias son indicativas de fallas.

Por el contrario, si los oscilogramas de tensión de ondas plenas se superponen exactamente con los de onda reducida, no se podrá abrir juicio acerca del comportamiento del transformador bajo ensayo; solo se podrá decir que no manifiesta fallas en los oscilogramas de tensión. En otras palabras, el análisis de los oscilogramas de tensión no es suficiente para considerar que el transformador ensayado se ha comportado satisfactoriamente. En el caso de fallas importantes (como ser descarga entre arrollamientos, de un arrollamiento a cuba, en un aislador pasante, o a lo largo de un arrollamiento cortocircuitado de gran parte del mismo), al presentarse la falla, la impedancia del transformador disminuye bruscamente. Esto se traduce en el oscilograma de tensión en una caída abrupta de la onda, figura 1-52.

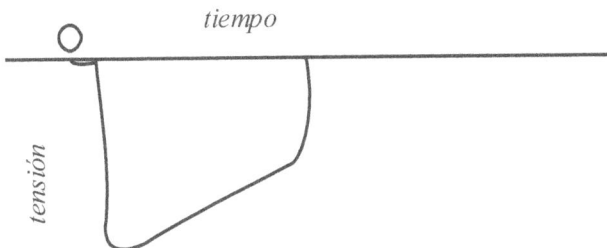

Figura 1-52. Oscilograma de tensión indicativo de una falla importante.

1.5.4.9 Oscilogramas de corriente

Al igual que para los oscilogramas de tensión, el registro de corriente correspondiente a la aplicación de la onda completa reducida se considera como una onda de referencia y los siguientes oscilogramas producidos por las ondas plenas se comparan al primero con el fin de verificar la existencia o no de fallas.

Si se verifica la exacta superposición de los oscilogramas de tensión y de corriente se concluye que el transformador bajo ensayo ha soportado las solicitaciones a que fuera sometido durante el ensayo de impulso.

El método de registro de ondas de corriente, usado con buen criterio, es un excelente indicador de todo tipo de fallas, ya que debido a su gran sensibilidad es capaz de detectar las menores fallas, tales como las producidas en muy pequeña porción del arrollamiento. Los casos más típicos de fallas detectadas por los registros de corriente se presentan en el oscilograma como:

Variaciones en la magnitud de la onda.

Variaciones de la frecuencia de oscilación de la onda.

Ligeras modificaciones en la forma de la onda.

Oscilaciones de alta frecuencia en una pequeña porción del oscilograma superpuesto a la onda fundamental.

Oscilaciones de alta frecuencia en distintas partes de un mismo registro superpuesto a la onda fundamental pueden aparecer otras anomalías que corresponden a casos excepcionales.

Los oscilogramas de las figuras 1- 53, 1- 54, 1- 55 y 1-56 muestran el comportamiento del transformador al ensayo de impulso.

reducida

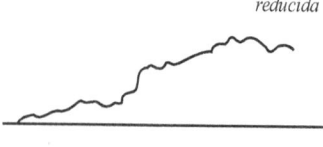

plena

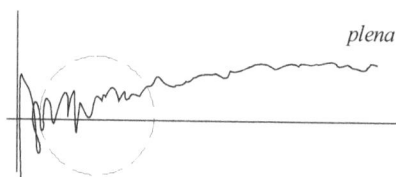

plena

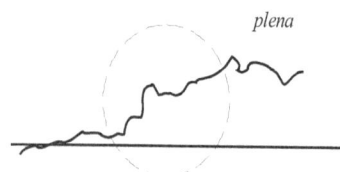

reducida

Figura 1-53. Diferencias entre ondas de corriente revelaron una falla entre espiras que abarcaba 10% de total del arrollamiento.

Figura 1-54. Falla en un arrollamiento de inductancia elevada. El Terminal de salida del aislador pasante falló en su aislación con el tubo central del aislador pasante

reducida

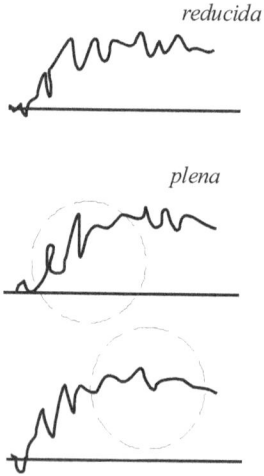

plena

(a)

(b)

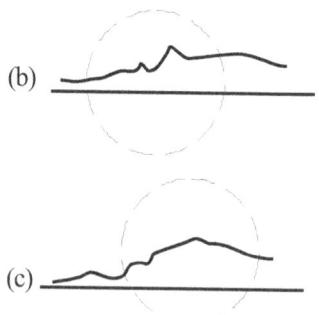

(c)

Figura 1-55. Registro de corriente del neutro de un transformador de 132 Kv.

    a.   No hay falla
    b.   Falla cerca de la línea 2% de arrollamiento.

    c.   Falla en el centro de arrollamiento 2% del mismo.

Figura 1-56. Registro de corriente de neutro de un transformador de 33 Kv.

    a.   No hay falla
    b.   Falla en el final de la línea correspondiendo el 2% de arrollamiento.

    c.   Falla cerca del final de tierra correspondiendo el 6% del arrollamiento.

1.5.4.10 Métodos especiales de diagnóstico

Es importante destacar que en algunos casos existen factores externos que originan oscilaciones parásitas de alta frecuencia que se superponen a las señales que se deben registrar y si no se cuenta con la experimentación necesaria en este tipo de ensayo pueden plantearse dudas acerca de los resultados del mismo. Estos factores externos suelen ser los siguientes:

a. Falta del blindaje completo en los cables de entrada con respecto a la influencia del generador del impulso o algún campo de potencial aleatorio. Tal captación errática probablemente persistirá únicamente en los dos o tres microsegundos iniciales.

b. A veces, una pequeña oscilación se superpone a la traza de la corriente debido a chispas de algún material externo, tales como una pieza del cableado, etc.

c. Captación de inducciones a radiaciones a través del aire.

d. Deficiencias en la formación de la tierra, conexiones terminales flojas, incluyendo falta de sólidas conexiones metálicas en los circuitos de las resistencias y de cableado y falta de buena tierra en el blindaje del cable coaxil.

e. Falta de separación apropiada con respecto al edificio y otras partes del transformador.

f. Efecto corona en el cableado de prueba.

g. Efecto corona en el generador de impulso.

h. Efecto corona externo en el capuchón a la brida pasante.

Existen también factores internos del transformador capaces de causar efectos similares sobre el oscilograma. Algunos posibles efectos corona no perjudiciales y otros efectos que producen desviaciones en las ondas pueden ser los siguientes:

a. Un punto áspero en un metal desnudo a potencial de línea o de tierra.

b. Pequeñas cantidades de aire atrapados en la aislación del transformador, es decir, burbujas de aire que por las solicitaciones continuas de las sucesivas aplicaciones de los impulsos, se escapan a través del aceite. El efecto del aire atrapado está indicado en el oscilograma de la figura 1-57.

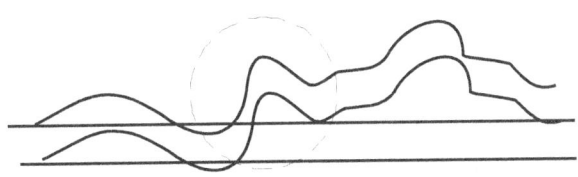

Figura 1-57. El oscilograma superior indica los efectos del aire atrapado. El oscilograma inferior no indica irregularidades.

c. Chispas que se pueden producir entre secciones del núcleo del transformador debido a la baja conductividad entre los paquetes o láminas en el núcleo.

d. Se pueden producir descargas entre cantos agudos o partes del transformador puertas a tierra.

e. Descargas estáticas entre elementos de metal flotante o fijados deficientemente dentro o fuera de la cuba. Por ejemplo, entre paquetes del núcleo mal ajustados, entre el núcleo no puerto a tierra y la cuba, o entre la brida de puerta a tierra del aislador pasante y la cuba donde el contacto se puede prevenir mediante una capa de pintura. Ejemplos de tales perturbaciones se muestran en la figura 1-58.

f. Efecto corona en el conductor interior del aislador pasante en los transformadores que no tienen tanque de expansión de aceite y con aire en los aisladores pasantes.

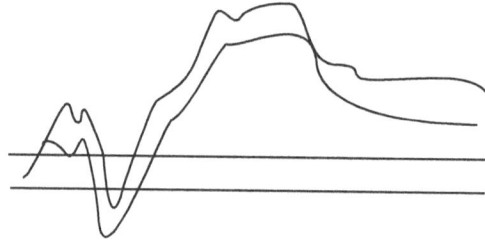

Figura 1-58. Efecto de paquetes del núcleo no puestos a tierra (ondas de corriente).

Todas las irregularidades que pueden aparecer en los registros deben ser analizados con mucho cuidados para no juzgar erróneamente el comportamiento de transformador ensayado y solo una experiencia suficiente en este tipo de pruebas hace posible una correcta interpretación de los resultados obtenidos.

Cuando hay dudas sobre la real existencia de un defecto de aislación porque los oscilogramas muestran una anomalía, las normas recomiendan la aplicación de tres planas consecutivas adicionales para verificar si la dudosa anomalía se acentúa. Nada se dice allí sobre el tiempo que debe medir entre un impulso y otro.

Lo indicado en un caso así es que los impulsos adicionales, de 3 a 5 en número, se suceden lo más rápidamente posible en el orden de los treinta segundos entre uno y otros.

Así el defecto, si existe, se agravará haciéndose más visible sobre los oscilogramas, ya que la rapidez con que se repite la solicitación no da tiempo a que el aislamiento se recupere gracias a la renovación de aceite, que degradan las eventuales descargas locales por aceite limpio que circula por los canales del arrollamiento. Una técnica de gran utilidad en la realización de ondas de incremento progresivo de la tensión. Así por ejemplo es posible aplicar ondas de 30, 50, 60, 70, 80 y 90% de la tensión que corresponde a la onda plana, luego se aplican dos ondas planas y por último se baja la tensión en escalones iguales a los enumerados anteriormente. De esta forma se obtiene una muy buena información del comportamiento del equipo bajo ensayo y por otra parte, si existe la falla, es posible determinar el nivel de tensión en que se manifiesta.

1.5.4.11 Elementos no lineales en los transformadores

Cuando se coloquen en el transformador componentes resistivos no lineales, en paralelos con secciones de tomas del conmutador de tensiones, se hace necesario interpretar aproximadamente las variaciones resultantes en los oscilogramas tomados a tensiones reducidas y plena. La resistencia de los componentes no lineales disminuye a medida que aumenta la tensión aplicada a sus extremos y en consecuencia sus características al 50% y al 70% del impulso de tensión plena diferirá de la correspondiente al 100% también pueden presentarse variaciones en los oscilogramas de corriente registrados simultáneamente. El grado de variación dependerá de las características del arrollamiento así como de la porción de arrollamiento en paralelo con los elementos no lineales. Un procedimiento práctico y habitualmente efectivo a utilizar en estos casos es el siguiente: al principio del ensayo se registran ambas ondas de tensión y de corriente al 50%, 70% y 100%.

Condición preliminar para establecer el buen estado del arrollamiento es que cualquier variación entre el 70 y el 100% de las ondas debe ser progresivamente similar a la o las variaciones entre el 50 y el 70%. Habiendo figurado esta relación, las ondas al 100% se consideran como las características del transformador en buenas condiciones y si ellas coinciden con las trazas finales de las ondas de plena tensión y corriente, entonces se considera aceptable el ensayo de impulso.

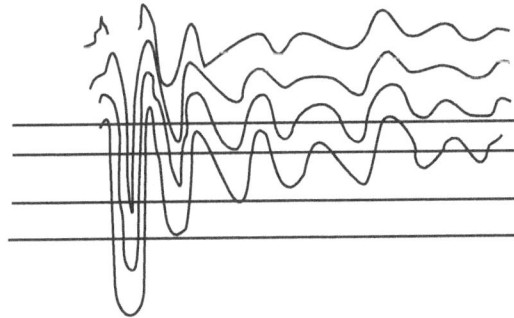

Figura 1-59. Ondas de corriente de neutro de arrollamientos que contienen resistencias no lineales.

Arriba: onda plena que siguió a una cortada- falla

2da. Onda plena. No hay falla.

3^{era}. 70% de la onda plena. No hay falla.

Abajo: 50% de la onda plena. No hay falla.

En el caso que se produzcan variaciones en la amplitud y forma entre la primera y la última aplicación de la onda plena, puede sospecharse de que el transformador ha fallado, figura 1- 59

1.5.4.12 Efecto de la magnetización del núcleo en la retención de fallas

Se encontró que en algunos transformadores de potencia y de distribución de bajo nivel de tensión, los impulsos de ondas plenas sucesivas pueden provocar una acumulación de magnetización residual. En tales casos, ondas de tensión y de corriente sucesivas presentan variaciones progresivas. Además, el ruido que emana del transformador aumenta con los sucesivos impulsos.

La aparición de este efecto en el transformador depende en gran medida de la relación entre la tensión de impulso y la tensión de servicio del arrollamiento bajo prueba.

Esta relación es máxima en los niveles más bajos de tensión en forma tal que, los efectos de una onda de impulso se vuelvan más pronunciados.

Para demostrar la presencia de los efectos de esta magnetización residual se pueden aplicar varias ondas plenas, obteniendo un progresivo aumento de corriente. Invirtiendo a continuación la polaridad de la onda del impulso o aplicando el impulso en el otro extremo del transformador se invierte la dirección del flujo magnético y la onda de corriente arrancará de nuevo con valores que irán aumentando con sucesivos impulsos. Si este proceso se puede repetir a voluntad, es obvio que el crecimiento de la onda de tensión se debe al efecto magnético y no a la falla.

Este efecto puede ser minimizado, llevando al núcleo a un nivel de magnetización conocido antes de la aplicación de cada impulso. Un método consiste desmagnetizar el núcleo mediante la excitación de 50 Hz. Otro método consiste en llevar al núcleo al máximo de magnetización residual de polaridad inversa utilizando repetidas ondas reducidas al 50% de cola larga. Esta puede ser de polaridad opuesta a la utilizada realmente en el ensayo o de la misma polaridad pero aplicada en el otro extremo del arrollamiento. Aún así, si el efecto de magnetización es pronunciado puede haber una pequeña diferencia entre las ondas al 50% y al 100%.

1.5.5 Ensayo de impulso de transformadores usando el método de la función de transferencia

1.5.5.1 Introducción

La función de transferencia de un transformador de dos arrollamientos es la relación en el dominio de la frecuencia de los registros digitales de la corriente de neutro y la alta tensión aplicada durante la prueba de impulso.

La integridad de la aislación de los arrollamientos se determina por la comparación de la función de transferencia obtenida a tensión plena con la obtenida a tensión reducida de prueba. La diferencia entre los registros de las funciones de transferencia revela descargas locales en dos bobinados disociados de las descargas parciales. Por ello este método permite una apreciación no ambigua del comportamiento del transformador dado que la función de transferencia es teóricamente inmune a los cambios en el impulso y también permite la evaluación del ensayo de impulso de onda cortada.

1.5.5.2 Fundamentos del método

La técnica del ensayo de impulso de transformadores de potencia y de reactores data desde hace 50 años. Esencialmente consiste en analizar la corriente de salida del transformador producida cuando una descarga de impulso normalizada se aplica a los terminales de alta tensión, comparando el nivel básico con el nivel reducido. Este ensayo no destructivo está esencialmente basado en la presunción de que la impedancia de la bobina no varía con la tensión de impulso bajo la acción del nivel de sobretensión aplicado. Asumido como constante la forma del impulso en el rango de la tensión de prueba, es de esperar que la señal de salida, por ejemplo la corriente de del terminal del neutro, tenga la misma forma y partiendo de que el objeto en prueba se mantendrá lineal. Alguna alinealidad observada en el transformador de alta tensión implica una descarga interna en el bobinado, la cual puede ser revelada por una usualmente menor diferencia en la comparación de los oscilogramas de corriente. Por ello la filosofía básica puede verse afectada por un mal funcionamiento del generador de impulso, el cual produce pequeñas diferencias entre la forma de la onda de tensión plena y la de tensión reducida. Esto provoca diferencias en la comparación de los oscilogramas de corriente de neutro, la cual, de acuerdo a las normas puede ser interpretada como una falla en el transformador.

Otra desventaja de esta técnica se presenta en la evaluación del impulso con onda cortada. Actualmente es el ensayo más crítico para los terminales de alta tensión del transformador debido a la pendiente y la amplitud de la tensión aplicada. La comparación de la corriente de neutro aquí no resulta aplicable si el tiempo de corte no puede ser perfectamente controlado, los sucesivos oscilogramas de corriente de neutro pueden mostrar considerables diferencias debido a la dispersión de la duración de la onda cortada.

En este procedimiento, la cuestión más importante a resolver es la subjetividad de la forma de interpretación de los oscilogramas por las diferentes evaluaciones. Un observador experimentado puede suponer la existencia de una falla a partir de la forma de la desviación, pero en la práctica resulta a menudo una controversia entre las respectivas interpretaciones del comprador y del vendedor dado que no existe un criterio reconocido de evaluación.

El propósito del método de la función de transferencia consiste en la comparación de los gráficos del dominio de frecuencia desconvolucionada, comparando los gráficos de la tensión de prueba y la corriente de neutro obtenido a plena tensión y a tensión reducida.

La función de transferencia del transformador por desconvolución, implica una característica de del objeto en prueba y en teoría independiente de la tensión de impulso aplicada, por lo que el mal funcionamiento del generador de impulso o desviaciones en el tiempo de corte no afectan la comparación de la función de transferencia. El método propuesto es más útil y salva las principales limitaciones de la técnica convencional.

1.5.5.3 Evaluación del ensayo de impulso usando la función de transferencia

Los tipos de bobinados usados en los transformadores de potencia son tres: a discos intercalados, a discos y bobinado en capas. El primero y a veces el segundo tipo son usados para el bobinado primario los transformadores de muy alta tensión, 460 kV.

Los registros gráficos en frecuencia de la función de transferencia muestran, en la banda de 20 KHz a 1,2 MHz, polos dominantes de alto Q en los 0,5 – 0,6 MHz para los bobinados a disco y menos (usualmente tres) de más elevado Q entre 0,3 y 0,8 MHz para los bobinados de discos intercalados. En los bobinados en capas aparecen polos adyacentes cuya forma muestra una pronunciada pendiente de caída.

Un modelo conceptual simple del bobinado puede ser imaginado como formado por un inductor bobinado en la parte superior y sus respectivas capacidades en paralelo respecto a tierra y las capacidades shunt con cada una de la secciones del arrollamiento. Este es un modelo simple y adecuado para explicar los cambios en la función de transferencia causados por una falla en la aislación del bobinado.

Las descargas entre espiras adyacentes en un transformador de extra alta tensión, usualmente provocan oscilaciones de alta frecuencia de aproximadamente 2,5 MHz , mientras que las descargas interdiscos causan oscilaciones de alrededor de 0,8 – 1,2 MHz. En bobinados de grandes secciones, una falla puede causar oscilaciones proporcionales de baja frecuencia. Las experiencias han demostrado que una descarga local en un bobinado que ocurre a la tensión correspondiente al nivel básico de aislación, presenta una traslación en la frecuencia de los polos de la función de transferencia. Estas descargas pueden ser detectadas en forma precisa por la superposición de las funciones de transferencia obtenidas a la tensión del nivel básico de la aislación y a tensión reducida. Siempre, la menor modificación de la frecuencia de los polos es indicativa de una descarga local, dado que ningún otro mecanismo puede modificar la frecuencia de resonancia local con el incremento en la amplitud de la tensión de ensayo. En adición, la frecuencia de afectación de los polos provee una indicación de una sección cortocircuitada y también su localización en el arrollamiento. En este modelo más simplificado de la aislación de un bobinado, una descarga parcial puede ser percibida como una inserción de una elevada resistencia óhmica (con relación a la resistencia prácticamente nula en la descarga) entre la localización afectada del bobinado y la tierra o entre dos partes del bobinado.

Como es predecible, una resistencia próxima, en un red libre de inductancia y de capacidad, los resultados se manifiestan en un amortiguamiento de la resonancia. Consecuentemente, la altura de los polos decrece y sus frecuencias permanecen prácticamente inalterables.

El rigor de este modelo de descargas parciales es cuestionable pero explicativo de los resultados obtenidos en la experimentación en mucho bobinado que han demostrado que las descargas parciales causen una atenuación en la altura de los polos.

Las diferencias entre los registros de las funciones de transferencia obtenidos a la tensión del nivel básico de aislación y a tensión reducida indican niveles de falla de dos categorías; traslación de frecuencia y atenuación de la altura de los polos, lo cual empíricamente se interpreta como atribuibles a descargas locales y a descargas parciales respectivamente. Esta diferenciación es de una gran importancia práctica dado que la menor descarga local descalifica al transformador mientras que la descarga parcial no daña la aislación. Las degradaciones permanentes pueden ser detectadas mediante la comparación de dos funciones de transferencia obtenida a tensión reducida antes y después del ensayo con la tensión correspondiente al nivel básico de aislación.

La figura 1-60 muestra los oscilogramas de un ensayo de un bobinado de tensión, reducido y pleno, de corriente de neutro de la función de transferencia.

La habilidad para distinguir entre las descargas locales y las descargas parciales constituye la mayor ventaja de la función de transferencia respecto a método convencional. En los oscilogramas de la corriente de neutro del ensayo del impulso resuelta dificultoso establecer la diferencia, de las dos corrientes, entre las tolerables descargas parciales y las descalificantes descargas locales.

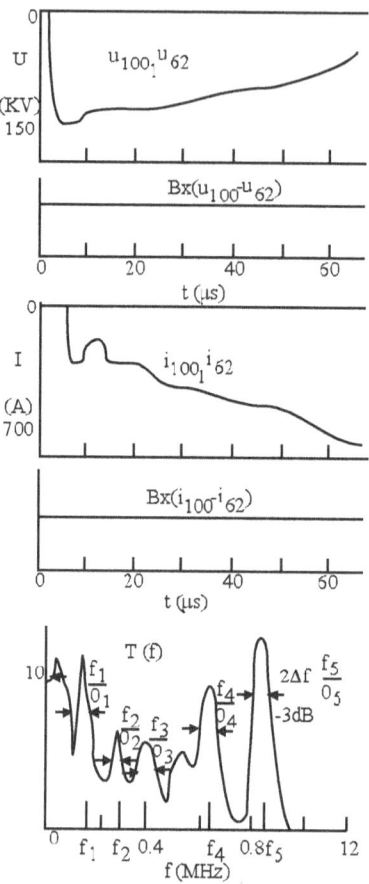

Figura 1-60. Registros oscilográficos de un ensayo de un bobinado. La comparación de los registros de tensión U_{100} y U_{62} y de corriente i_{100} e i_{62} muestran una perfecta coincidencia. La función de transferencia indica un número de polos con factor Q variable de Q=3,4 hasta Q=17, valores típicos para este tipo de bobinado.

1.5.5.4 Cálculo de la función de transferencia

El registro digital de la tensión de impulso y de la corriente de neutro son tomadas simultáneamente en la forma de dos vectores de 2048 palabras digitales de 10bit obtenidas a razón de 33ns por muestra. Un software de la transformada rápida de Fourier es empleado luego para convertir dichos registros en su aspecto de frecuencia en coordenadas polares y el módulo de la característica espectral de la corriente de neutro es dividido por el respectivo módulo del espectro de la tensión de ensayo. Este cociente puede ser considerado como una transmitancia del transformador pero por brevedad es denominado función de transferencia. Es generalmente conocido como que el espectro de frecuencia de un impulso depende de su forma y duración.

Para un análisis típicamente descripto de la forma del impulso, la integral de Fourier puede ser calculada en forma exacta y luego también la componente de muy alta frecuencia, las cuales pueden ser tan pequeñas como una parte por millón de armónicas y también registradas. La información generada por el registro digital permite la cuantificación del error, el cual en un caso ideal de 10bit digitalizados está alrededor (0,1%) o -60db a fondo de escala de la señal. En adición, en los actuales instrumentos la evolución decrece con el aumento de la frecuencia de la señal y un error fortuito cuantificado de 0,15 a 0,2 % puede ser esperado en el rango de frecuencia de pocos Megahertz.

1.6   ENSAYO DE CORTOCIRCUITO

El transformador puede ser expuesto durante, su funcionamiento, a solicitaciones groseras de diversa naturaleza dependiendo de los fenómenos transitorios que se presentan en la red a la cual está integrado dicho transformador. En particular, en la presencia de cortocircuitos, el transformador está expuesto a solicitaciones mecánicas y térmica relevantes que pueden determinar situaciones de peligro para la eficiencia de la máquina.

Las peores condiciones, en este caso, se presentan cuando el cortocircuito se manifiesta directamente a los bornes secundarios de salida del transformador, por cuanto, considerando a la red de alimentación como de potencia infinita, el valor de la corriente absorbida está limitado solamente por la impedancia de cortocircuito de la máquina y asume valores muy elevados.

Los fenómenos que se manifiestan en el transformador, puesto en estas condiciones, dan lugar a solicitaciones de diversa naturaleza; como ser las acciones electromecánicas que se manifiesta entre conductores de un mismo arrollamiento y entre aquellos pertenecientes a arrollamientos diferentes, provocan fenómenos de atracción y de repulsión que, al límite, pueden comprometer la eficiencia de la máquina.

Por otra parte el valor relevante de la corriente de cortocircuito que circula en los arrollamientos provoca un calentamiento anormal de los conductores, tanto más relevante cuanto mayor es el tiempo en el cual la corriente es mantenida.

Sin profundizar teóricamente el argumento, se hace notar como requerimientos que los transformadores sean calculados en grado de poder soportar, sin daños, los efectos del cortocircuito aplicado durante un corto tiempo. La ejecución del ensayo tendiente a comprobar si el fabricante ha tomado todas las precauciones necesarias en este sentido no es siempre posible, especialmente cuando se trata de máquinas de gran potencia.

En líneas generales el ensayo debe ser considerado como de tipo y también deber practicado sobre un solo prototipo del transformador y esa condición debe ser mencionada en el pliego de condiciones.

Naturalmente en el pliego deben ser establecidas todas las condiciones particulares en que la prueba debe ser realizada. A modo de ejemplo, el transformador debe ser insertado en una red cuya potencia no puede ser considerada infinita, por lo que deberá ser acordado el valor convencional de impedancia a garantizar a la línea de alimentación durante la prueba.

Las normas IEC establecen los valores de la corriente de cortocircuito y el tiempo de aplicación en función del valor de la tensión del cortocircuito del transformador de la siguiente manera:

Para transformadores cuya tensión de cortocircuito sea inferior al 4% y la corriente de cortocircuito eficaz simétrica que debe soportar al transformador será de 25 veces el valor de la corriente nominal y el tiempo de duración de la prueba será de 2 segundos.

Para transformadores cuya tensión de cortocircuito sea superior al 4%, la corriente de cortocircuito que debe soportar se determina por la siguiente expresión:

$$Icc = \frac{corriente\ nominal \times 100}{tensión\ de\ cortocircuito\ en\ \%}$$

El tiempo de duración será de 3 segundos.

El ensayo debe ser efectuado alimentando el arrollamiento primario a la tensión a la cual corresponde, en base a los cálculos, la corriente de cortocircuito simétrica requerida se logra poniendo repentinamente en cortocircuito las bornes del secundario.

La interrupción del ensayo, una vez transcurrida el tiempo correspondiente, debe ser comandado por un rele temporizado y adaptado para hacer abrir el interruptor puesto en el secundario o sobre la alimentación.

Es de hacer notar que las características eléctricas del interruptor, colocado sobre el primario, debe ser tales que estará en condiciones de interrumpir el circuito en las condiciones más gravosas, o sea seguido del desfasamiento de la máquina provocado por la prueba, el cortocircuito se transfiere a los bornes de alimentación haciendo aumentar el valor de la corriente de cortocircuito, que el interruptor deberá interrumpir, a valores previsibles, en el puerto de la red en el cual se realiza el ensayo.

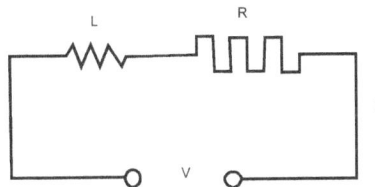

Figura 1-61. Circuito simplificado por el análisis de la corriente en el ensayo de cortocircuito.

La máxima solicitación electrodinámica está en función del valor instantáneo de la corriente y se verifica en correspondencia de la máxima positiva y negativa de la alternancia de la onda de corriente. A este propósito es necesario remarcar que al instante de cierre del circuito, se manifiesta un transitorio de inversión de la corriente debido a la presencia en la máquina de las reactancias de dispersión en los arrollamientos, por lo cual el pico de la corriente puede alcanzar valores próximos al doble de aquellos que se registran una vez restituido al régimen eléctrico.

Para aclarar mejor esta afirmación nos remitimos al esquema mostrado en la figura 1-61 en la cual los símbolos R y X representan los valores de resistencia y de reactancia equivalentes, en cortocircuito, del transformador.

Cuando un generador de corriente alterna viene colocado en un circuito así conformado, se manifiesta, en el circuito, un transitorio de inserción, ligado a la ecuación diferencial:

$$Ri + L\frac{di}{dt} = v$$

cuya solución, en el caso de que la inductancia, pueda ser considerada prominente respecto a la resistencia, es la siguiente:

$$i = Ipm \cos\left(\omega t + \delta\right) + Ipm \cos\delta\, e^{-\frac{t}{T}}$$

en la cual los símbolos son los siguientes :
I= valor instantáneo de la corriente.
Ipm= valor máximo instantáneo de la corriente permanente
ω= pulsación
t= tiempo
δ= ángulo de fase inicial de la tensión aplicada
e= base de los logaritmos naturales (2,718)
T= constante de tiempo del circuito= $\dfrac{L}{R}$

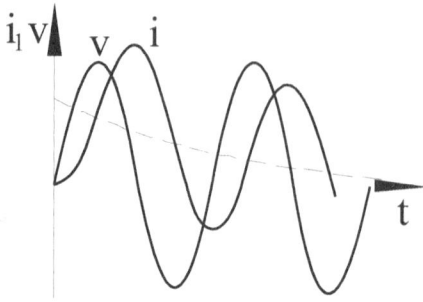

Figura 1-62. Gráfico de la corriente que se manifiesta en el circuito expuesto en la figura 1-61 en el caso de tensión alterna aplicada en el instante que la tensión pasa por cero.

El análisis de las ecuaciones y del gráfico permite arribar a la conclusión que la corriente máxima asimétrica que puede registrarse es próxima al doble de la permanente.

En las consideraciones expuestas ha sido ignorado el fenómeno de saturación del núcleo, lo que es lógico en el caso considerado.

Los resultados del ensayo a la corriente de cortocircuito están ligados a las condiciones que presenta la máquina después de las solicitaciones.

Para considerar favorables los resultados, no deben notarse deformaciones en los bobinados y en otras partes constitutivas del transformador y sería conveniente, después del ensayo de cortocircuito, realizan los ensayos de aislación de frecuencia industrial y con tensión de impulso.

Con respecto a la elevación de temperatura de los conductores, el tiempo de duración del ensayo no es suficiente para provocar un calentamiento que pueda comprometer la aislación de los bobinados. El calor producido se disipa en las partes metálicas de los arrollamientos y el valor de la sobretemperatura respecto al ambiente puede ser determinado con buena aproximación por las siguientes expresiones:

$$\Delta\theta = \frac{P.t}{P} \cdot \frac{2,39.10^{-4}}{0,094}$$

$o \ sea \quad \Delta\theta = 2,36.\frac{P.t}{P}$

donde:

        P es la potencia disipada en los conductores en Kw

        t es el tiempo de duración del fenómeno en segundos

        p peso del cobre activo en kilogramos

2,39 x 10-4 equivalente térmico de Joule

0,094 calor específico del cobre expresado en Joule/ º C Kg.

Estas expresiones son válidas para tiempos del orden del segundo.

CAPÍTULO 2

AUTOTRANSFORMADORES

2.1 GENERALIDADES

El autotransformador es una máquina estática opta para desarrollar las mismas funciones que el transformador en la modificación de los parámetros de la potencia eléctrica.

La diferencia fundamental entre las dos máquinas radica en el tipo de construcción, es decir, mientras que en los transformadores se supone la completa separación metálica entre el circuito alimentado y el circuito de utilización, en el autotransformador los dos circuitos están metálicamente unidos, figura 2-1.

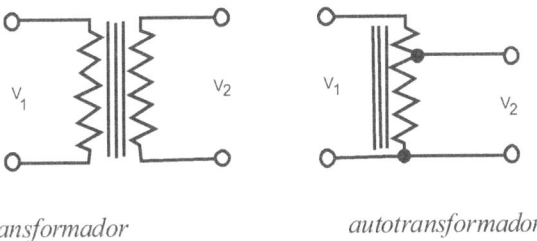

transformador   *autotransformador*

Figura 2-1. Esquemas comparativos de un transformador y un autotransformador.

El autotransformador puede sustituir al transformador cuando no sea necesario mantener separadas entre las dos redes a las cuales está conectado.

Económicamente hablando, el autotransformador requiere menor cantidad de material magnético y de conductores empleados, tanto más notable cuanto más próxima a la unidad está la relación de transformación. En otras palabras se puede decir que a igualdad de potencia sus dimensiones se reducen respecto al transformador. Así como en el transformador se distinguen los dos arrollamientos (primario y secundario) , también el autotransformador puede ser considerado como formado por dos partes, el arrollamiento serie y el arrollamiento derivación.

En el arrollamiento serie circula la corriente relativa a una de las redes a la cual la máquina está conectada, mientras que en el arrollamiento en derivación circula un valor de corriente determinado por la diferencia de aquellas relativas a las dos redes, figura 2-2.

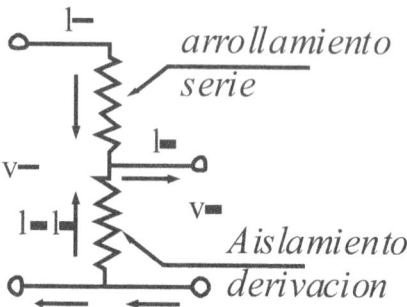

Figura 2-2. Comportamiento de las corrientes en los arrollamientos de un autotransformador.

Para los ensayos de aislación que se deben realizar sobre los autotransformadores permanecen vigentes, en modo completo las prescripciones ya consideradas para los transformadores de potencia, que naturalmente deben ser aplicadas teniendo en cuenta las particularidades constructivas de la máquina. A este propósito, para la prueba de aislación, se deberá realizar un solo ensayo de tensión aplicada y la normal prueba de tensión inducida, mientras que para el ensayo de tensión de impulso, que se requiere cuando la máquina está destinada a funcionar sobre redes expuestas a sobretensiones de origen atmosférico, se aplicarán los impulsos, en los bornes primarios y los bornes secundario con un valor de tensión correspondiente al nivel de aislación relativo a las dos redes. Durante esta prueba es posible cerrar el circuito de los bornes que no interesan con una resistencia de valor adecuado, a los fines de limitar la tensión a aquella relativa al nivel de aislación por los cuales los bornes han sido provistos.

También la prueba de calentamiento puede ser realizada aplicando cualquiera de los procedimientos indicados, teniendo presente que cuando se debe recurrir al método de cortocircuito puede ser conveniente operar como se indica en el ensayo de medición de pérdidas en cortocircuito. Las pérdidas en vacío se miden como en los transformadores de potencia alimentando la máquina a tensión y frecuencia nominales.

La medición de la relación de transformación, la de resistencia óhmica y de los períodos en cortocircuito pueden presentar dificultades de orden práctico y consideramos oportuno dedicar a estas cosas un tratamiento particular.

2.2 VERIFICACIONES DE LA RELACIÓN DE TRANSFORMACIÓN

La determinación del valor de la relación de transformación puede ser concretada aplicando el método de los dos voltímetros, como se ha indicado para los transformadores de potencia.

Si se utiliza el medidor de relación se deben tomar oportunas precauciones Si observamos la figura 1-12 es posible relevar que en el instrumento está prevista una conexión metálica directa entre un borne de alta tensión y uno de baja tensión, por lo que, si no se pone una particular atención a como se realizan las conexiones entre los bornes de la máquina es posible provocar un cortocircuito.

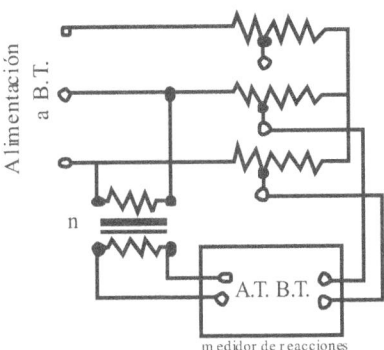

Figura2.3- Medición de la relación de transformación mediante el medidor de relación con el auxilio de un transformador de tensión.

En el caso de autotransformadores trifásicos resulta prácticamente imposible realizar la medición de la relación de transformación entre tensiones concatenadas. Se puede obviar este inconveniente, si se dispone de un transformador de medición de una relación de transformación conocida, considerando el esquema de la figura 2-3.

Llenando con n el valor de la relación del transformador de tensión usado, valor que puede ser igual a uno, y con k el valor leído en el medidor de relación, el valor de la relación de transformación del autotransformador, entre la parte de alta tensión y la parte de baja tensión, es el siguiente:

$Ka = nk$

En la ejecución de la medición es necesario que el valor de la tensión a los bornes de alta tensión del medidor de relación sea superior al valor de la tensión que se manifieste a los bornes de baja tensión. En el caso contrario el reductor puede ser conectado sobre el lado de baja tensión del autotransformador, por lo que la relación necesaria para obtener el valor buscado, es:

$$ka = \frac{k}{n}$$

2.3 MEDICIÓN DE LA RESISTENCIA ÓHMICA

La medición de la Resistencia Óhmica necesaria para el ensayo de calentamiento y para la determinación de las pérdidas óhmicas en los arrollamientos, debe ser efectuada teniendo en cuenta la particular estructura de la máquina, mediante mediciones separadas sobre los tramos derivados y sobre los tramos serie de los arrollamientos, por cuanto son su respectiva constitución es notablemente diferente en relación a los valores relativos de la corriente.

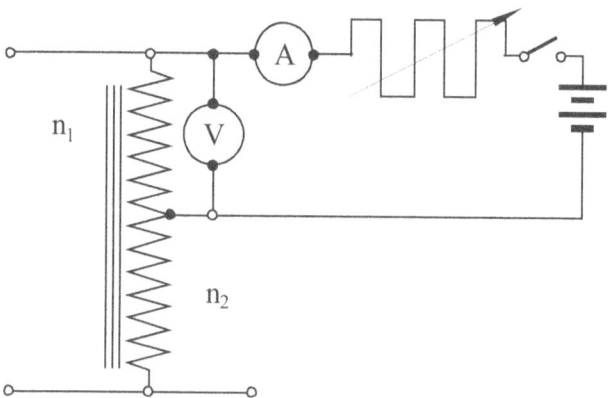

Figura 2-4. Esquema del circuito de la medición de la resistencia óhmica del arrollamiento serie de un autotransformador.

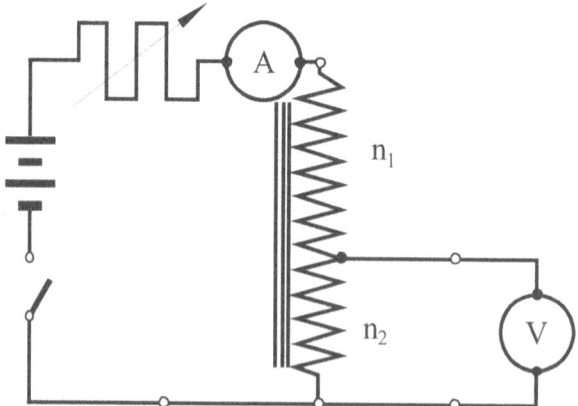

Figura 2-5. Esquema del circuito para la medición de la resistencia óhmica del arrollamiento derivado de un autotransformador.

En el caso de un autotransformador monofásico es posible realizar los esquemas mostrados en las figuras 2-4 y 2-5 que intuitivamente puede extenderse al caso de los autotransformadores trifásicos, teniendo presente que estos últimos son casi siempre conectados en estrella.

Como se puede deducir, la medición deberá ser completada con el relevamiento de la temperatura y luego los datos relevados deberán ser referidos, en un primer término, a la temperatura relativa al ensayo en cortocircuito para la determinación del valor de las pérdidas adicionales y sucesivamente a 75° C para el cálculo de las pérdidas óhmicas a la temperatura de referencia convencional.

2.4 ENSAYO EN CORTOCIRCUITO

El ensayo en cortocircuito para la determinación de las pérdidas en el cobre, puede ser efectuado usando los esquemas utilizados para los transformadores de potencia, alimentando, por ejemplo, el arrollamiento de la parte de alta tensión, mientras se ponen los terminales de baja tensión en cortocircuito, y relevando, en correspondencia la corriente nominal de alimentación el valor de las pérdidas en cortocircuito, figura 2-5.

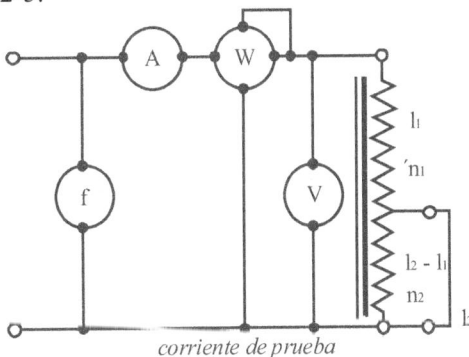

corriente de prueba

Figura 2-6. Esquema del cortocircuito para la ejecución del ensayo en cortocircuito de un autotransformador.

Cuando se deben ejecutar ensayos en máquinas de potencia notable, con relación de transformación muy próximos a la unidad, la aplicación de este método conduce a operar con valores de corriente elevadas con bajos valores de tensión, lo cual, además de causar ciertas dificultades en la realización del ensayo, pueden requerir el uso de instrumentos de características particulares.

Los inconvenientes mencionados pueden ser salvados adoptando un circuito de prueba adaptada al tipo del autotransformador en prueba y que permita operar con valores de tensión y de corriente más convenientes.

Haciendo referencia a un autotransformador de relación próxima a la unidad, el ensayo puede ser realizado usando el esquema de cortocircuito mostrado en la figura 2-7, es decir, poniendo en cortocircuito el tramo serie preferentemente al derivado y conduciendo la prueba en forma de medir las pérdidas en cortocircuito a un valor de corriente nominal correspondiente al valor nominal del arrollamiento derivado operando, luego con corriente de valor menos elevado y con tensión más elevada.

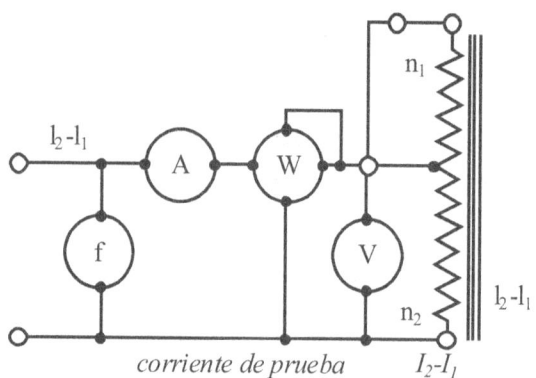

Figura 2-7. Esquema del circuito modificado para la ejecución de la prueba en cortocircuito de un autotransformador.

Comparando los dos esquemas mostrados en la figura 2-8 y haciendo referencia al transformador, se puede decir, en el caso de la figura 2-6, el ensayo se efectúa alimentando el arrollamiento de baja tensión, mientras que en el caso de la figura 2-7, el ensayo se efectúa alimentando el arrollamiento de alta tensión.

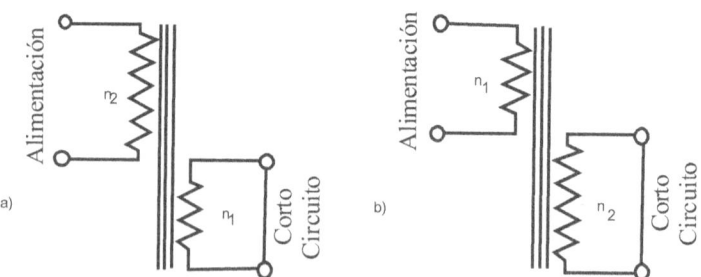

Figura 2-8. Esquemas equivalentes para el ensayo de cortocircuito de un autotransformador: a. Alimentación de arrollamiento serie. - b. Alimentación de arrollamiento derivado.

Los valores medidos de las pérdidas son, exactamente, aquello que se obtuvieron usando el esquema de la figura mostrada en la figura 2-6, referidos siempre a los valores nominales de la corriente.

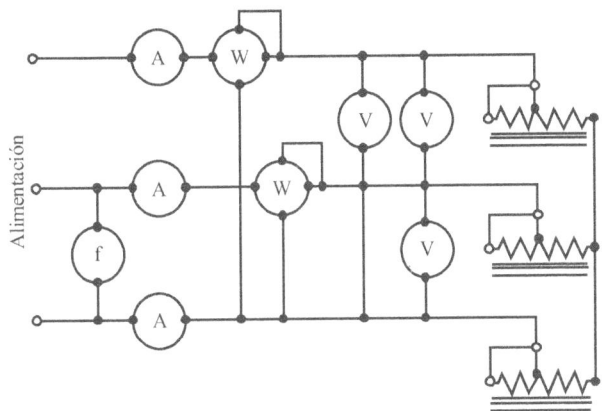

Figura 2-9. Esquema del cortocircuito modificado para la ejecución del ensayo de cortocircuito de un autotransformador trifásico.

Para los valores de la tensión de cortocircuito el valor relevado cuando se usa el esquema de la figura 2-7 (Vp) debe ser referido al caso de la figura 2-6 (V´$_E$) según la relación $\dfrac{n_1}{n_2}$ con la tensión

$$V`_R = \frac{n_1}{n_2} V_P$$

que también puede ser expresada como

$$V`_R = (K - 1)V_P$$

Donde K es la relación de transformación entre alta y baja tensión-

Si se quiere referir el valor de la tensión de cortocircuito a los bornes de baja tensión (V´$_R$), según un procedimiento análogo al anterior, se utiliza la siguiente relación:

$$V`_R = \frac{n_1}{n_1 + n_2} V_P = \frac{K - 1}{K} V_P$$

Los resultados obtenidos deben ser referidos a 75° C con los criterios ya mencionados.

Las pérdidas obtenidas deben ser subdivididas en pérdidas adicionales y en pérdidas óhmicas, para las cuales se puede usar la siguiente expresión:

$$\text{P. Óhmica} = \text{Rd Id}^2 + \text{Rs Is}^2$$

en la cual los subíndices, d y s significan respectivamente, los valores relativos a la parte derivada y a la parte serie.

La exposición del método de medición ha sido hecha suponiendo que se debe operar como sobre autotransformadores trifásicos, conectados en estrella sin dificultad.

Haciendo referencia al caso de las figuras 2-6 y 2-7 se los debe realizar de acuerdo a la figura 2-9 en la cual se utiliza la conexión Aron. Evidentemente, no anulan la posibilidad los otros métodos indicados para los transformadores.

CAPÍTULO 3

TRANSFORMADORES DE TENSIÓN

3.1 GENERALIDADES

En la medición de tensión de valores elevados se recurre al uso de los transformadores de tensión cuando, en la medición de tensión y de potencia se insertan transformadores de tensión, en los cálculos de los resultados se debe tener en cuenta los errores introducidos por los transformadores de tensión en la medición.

Los ensayos que normalmente se realizan en los transformadores de tensión son las siguientes:

-       verificación de la correspondencia entre bornes primario y secundario
-       verificación de los errores de relación y de fase
-       ensayo de calentamiento
-       ensayo de aislación

Antes de entrar a los criterios utilizados en los ensayos, se considera oportuno abordar las principales características y convenciones que regulan los transformadores de tensión.

3.2 ERROR DE RELACIÓN Y ÁNGULOS, ERROR COMPLEJO

Una medición de tensión efectuada con la interposición, entre el sistema eléctrico y el instrumento, de un transformador de tensión, está afectada, en general, de errores debidos a las características intrínsecas del transformador de medición usado.

Haciendo referencia al diagrama vectorial de la figura 3-1 relativo al esquema equivalente de la figura 3-2 es posible hacer notar que:

1)   El valor de la relación entre la tensión primaria y secundaria no es constante, en función de la corriente de vacío y del valor de la corriente de salida del secundario del transformador de tensión.

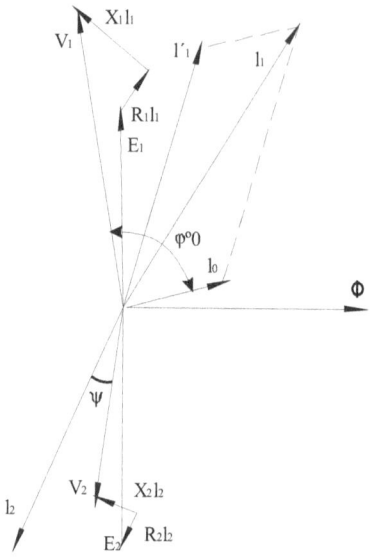

Figura 3-1. Diagrama vectorial relativo a las magnitudes eléctricas de un transformador de tensión.

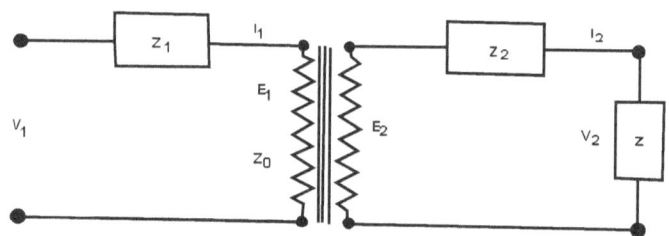

Figura 3-2. Circuito equivalente de un transformador de tensión.

2)   Los vectores de tensión primaria y secundaria están desplazadas entre ellas un ángulo cuyo valor es función pura de la corriente de vacío y de la corriente suministrada. Los elementos expuestos permiten fácilmente deducir la definición de los errores de relación y de ángulo. Los errores de relación se expresan en valores relativos porcentuales por la siguiente expresión:

$$\eta\% \frac{kn - K}{K}$$

Donde:

η % es el error porcentual de relación

Kn es la relación de transformación nominal

K es la relación de transformación real del transformador

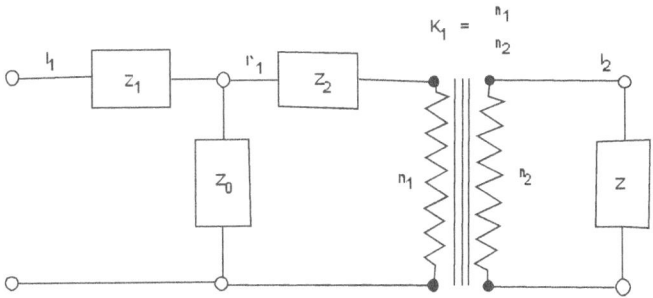

Figura 3-3. Circuito equivalente de un transformador de tensión con todas las magnitudes referidas al primario.

El error de ángulo o de fase viene expresado en radianes (ε_r) o en centésimas de radianes ($\varepsilon\%$), o en grados, del ángulo de fase existente entre el vector de la tensión primaria y de la tensión secundaria cambiado de signo, en la convención que debe considerarse positivo el error de fase correspondiente a la tensión secundaria cambiada de signo que está en anticipo a la tensión primaria.

En la figura 3-3 se ha representado el circuito equivalente de un transformador de tensión, en el cual todas las magnitudes que interesan están referidas, por comodidad, al primario. Con Ks se indica el valor de la relación entre las espiras del arrollamiento primario y del arrollamiento secundario (relación teórica); con Z_1 la impedancia de dispersión del arrollamiento primario, con Zz la impedancia de dispersión del arrollamiento secundario referido al primario multiplicándola por el cuadrado de la relación teórica, con Zo el valor de la impedancia correspondiente a la tensión en vacío (corriente magnetizante y de pérdida), con Z la impedancia de carga del secundario.

Para facilitar la exposición del argumento consideramos como primera condición que el transformador funciona en vacío, teniendo presente que la relación de transformación nominal Kn, es en general, ligeramente diferente que Ks. En estas condiciones se debe tener en cuenta solo la tensión en sus componentes.

$V_0 = R_1 I_0$ en sus componentes
$R_1 I_0$ en fase y $X_1 I_0$ en cuadratura con la corriente de vacío.

El diagrama vectorial relativo a las condiciones consideradas es mostrado en la figura 3-4.
El valor del error de relación absoluto del TV (A), calculado teniendo en cuenta la relación nominal, se expresa en la siguiente expresión:

$$\eta_1 = \frac{kn - K}{K}$$

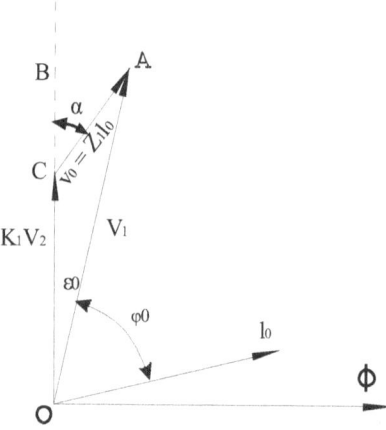

Figura 3-4. Diagrama vectorial para las condiciones de funcionamiento en vacío.

Teniendo en cuenta que el ángulo ε_0 tiene una amplitud muy limitada, se puede decir que:

$$V_1 = \overline{OA} \approx \overline{OC} + \overline{CB} = KgV_2 + vo\cos\alpha$$

Donde $\alpha = \varphi_0 - \varphi_1$, el ángulo φ_1 es el ángulo de fase de la impedancia de dispersión primaria.

El error relativo viene dado por

$$\eta_1\,\frac{K_\eta V_2 - K_2V_2.vo\cos\alpha}{KV_2} \cong \frac{Kn - K_2}{Kn} - \frac{vo}{V_1}\cos\alpha$$

Y resulta constituido de dos términos, el primero de ellos es constante, mientras el segundo es función de la tensión, no siendo la corriente de vacío Io proporcional a la tensión primaria V_1 a causa de la presencia del eslabón magnético.

Con respecto al error de fase, se puede decir, siendo un valor muy pequeño de ε_0, puede ser calculado por la expresión siguiente:

$$\varepsilon_0(rad) \cong \operatorname{sen}\varepsilon_0 = \frac{Z_1 I_1}{V_1}.\operatorname{sen}\alpha + \frac{V_0}{V_1}\operatorname{sen}\alpha$$

Es necesario hacer notar que los errores de relación y de fase son respectivamente proporcionales a los segmentos $\overline{CB}$ y $\overline{AB}$ del diagrama representado en la figura 3-4. Pasemos ahora a examinar el transformador de tensión en una cierta condición de carga y refiriéndonos al diagrama vectorial de la figura 3-5.

El error de la relación de acuerdo a lo dicho precedentemente será:

$$\eta_1 \cong \frac{k_\eta - k_s}{k_\eta} - \frac{vo}{V_1}\cos\alpha - \frac{Vcc}{V_1}\cos\beta$$

$$Vcc = (Z_1 + Z_2)I' = ZccI'.$$

β representa la diferencia entre el valor de los ángulos Ψ y φ_{cc} (Figura 3-5).

El ángulo φ_{cc} es el de fase de impedancia de cortocircuito del transformador.

Para el error angular, permanece válida la relación:

$$\varepsilon \cong \frac{V_0}{V}\operatorname{sen}\alpha + \frac{Vec}{V_1}\cos\alpha$$

Para un transformador dado de tensión se puede decir que los términos:

$$\frac{V_0}{V_1}\cos\alpha \ y \ \frac{V_0}{V_1}\operatorname{sen}\alpha$$

son constantes aunque varíe el valor de la carga, como obviamente se expresa por el término:

$$\frac{K_\eta - K_s}{K_\eta}$$

De la representación vectorial de la figura 3-5 se puede determinar que la parte real puede ser interpretada como el error de relación y la parte imaginaria (en cuadratura respecto a $K_1 V_2$) como representativo del error angular por lo que se puede definir el error complejo (E) como definido por el error de relación y el error angular:

$$E = \left(Eo - \frac{vcc}{V_1}\cos\beta \right) + j\left(\frac{vo}{V_1}\operatorname{sen}\alpha + \frac{vcc}{V_1}\operatorname{sen}\beta \right)$$

Teniendo presente que el error en vacío es constante se tiene:

$$E = Eo - \frac{vcc}{V_1}\cos\beta + j\frac{vcc}{V_1}\operatorname{sen}\beta$$

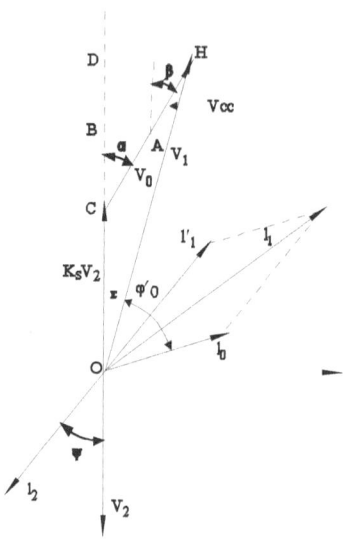

Figura 3-5. Diagrama vectorial para las condiciones de funcionamiento con el secundario cerrado en prestación.

Eo representa el error complejo en vacío utilizando la representación gráfica de la figura 3-6 en la cual, sobre abscisas están los valores de los errores de relación y sobre ordenadas los errores angulares, se observa que si el punto O corresponde a las coordenadas relativas al funcionamiento en vacío, el punto A puede corresponder a las condiciones para un cierto valor de la prestación y para un cierto valor de cos φ.

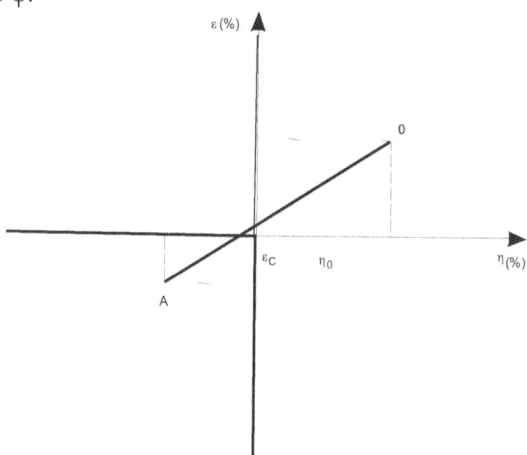

Figura 3-6. Representación gráfica de los errores en un transformador de tensión en función del valor de prestación.

También se puede observar que el segmento $\overline{OA}$ es proporcional a la corriente suministrada y por lo tanto a la prestación, en cuanto se refiere al término $Vcc = ZccI'_1$, y se puede demostrar que al variar el factor de potencia de la carga, el segmento $\overline{OA}$ rota, respecto del punto O, un ángulo correspondiente a la característica de la carga.

Con lo expuesto se pueden determinar los errores introducidos por el transformador de tensión en todas las condiciones posibles de funcionamiento.

3.3 Verificación de la correspondencia entre los Bornes Primarios y Secundarios

La operación consiste en verificar si las marcas que identifican al primario y al secundario, puestas sobre los bornes, han sido colocadas de modo que se respete la polaridad de los arrollamientos. Esto tiene gran importancia cuando se debe medir la potencia o la energía. Las modalidades con la que se verifica pueden ser diversas. Uno de los métodos será tratado juntamente con la verificación de los errores de relación y de fase. En cuanto a este tipo de medición consiste, en general, obtener también el control de la señalización de los bornes. Otro método de fácil utilización es el siguiente:

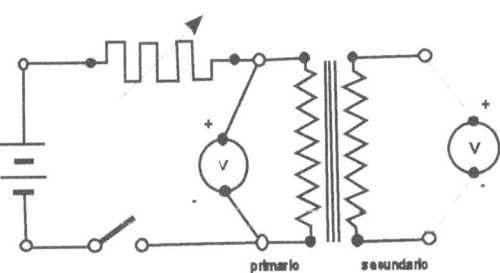

Figura 3-7. Esquema utilizado para la verificación de la correspondencia entre los bornes primarios y secundarios.

Se aplica al primario del transformador de tensión una tensión continua suministrada por una batería de acumuladores y se mide con un voltímetro para la corriente continua la tensión a los bornes del TV mismo, observando sobre todo el sentido de desviación de la aguja del instrumento.

Se transfieren luego ordenadamente los terminales de las conexiones voltimétricas a los bornes correspondientes, o retenidos los mismos, sobre el secundario.

La indicación del instrumento no debe subir, inicialmente alguna división, pero si se interrumpe el circuito primario, se observará una desviación balística. Si ésta se manifiesta en el mismo sentido de la indicación obtenida sobre el primario precedentemente significa que los bornes han sido marcados correctamente, de lo contrario deberán ser invertidas las marcas de los dos arrollamientos.

Para la ejecución del ensayo se puede utilizar el circuito de la figura 3-7.

3.4 VERIFICACIÓN DE LOS ERRORES DE RELACIÓN Y ANGULARES

La determinación de los valores de los errores de relación y angulares, relativos a los transformadores de tensión, tiene como objeto verificar si la entidad de tales errores está comprendida dentro de los límites fijados por la clase relativa de precisión.

La verificación debe ser efectuada dentro de los límites de funcionamiento garantizadas, ya sea con respecto a la tensión de alimentación, como para el factor de potencia relativo a la carga.

Este tipo de verificación requiere, en particular, el criterio de aceptación es sede de recepción pero lógicamente, nada impide indagar sobre el andamiento de los errores más allá de los valores nominales, ya que las determinaciones en este sentido pueden ser de interés, tanto para el constructor como para el comprador.

Los métodos que pueden ser utilizados para la determinación de los errores de los transformadores de tensión, son:

- métodos directos
- métodos indirectos

Se prefiere, en general, recurrir a los métodos directos, dado que los métodos indirectos que se pueden emplear, se basan en la determinación de los valores buscados a través de mediciones particulares de algunas características del transformador (resistencia de los arrollamientos, prueba en vacío, prueba en cortocircuito, etc.) permitiendo un grado de exactitud muy escaso en comparación con los obtenidos con los métodos directos.

Los métodos directos pueden ser subdivididos en dos categorías:

- métodos directos absolutos
- métodos directos por comparación (diferenciales)

Los métodos directos absolutos prevén para la determinación de los errores la medición de tensiones, capacidades, resistencias, etc., mientras que los métodos directos por la comparación prevén la utilización d transformadores patrones con los cuales el transformador en prueba es comparado.

3.4.1 Métodos directos absolutos:

El método, conceptualmente, más simple es el que utiliza un divisor de tensión de tipo óhmico, mediante un circuito como el mostrado en la figura 3-8. El divisor de tensión consta, generalmente, de dos partes, una de alta tensión y otra de baja tensión. Si esta última está formada por décadas de resistencias, se agrega un cursor (K) y un grupo de capacitares, cuya función es la compensación del error del ángulo debido al transformador de tensión en prueba.

Con una selección oportuna de los resistores, los efectos inductivos pueden ser compensados razonablemente, mientras que la eliminación de los efectos capacitivo es mucho más complicada porque no es posible eliminar la capacidad que el divisor óhmico forma con el sistema de tierra, especialmente en alta tensión.

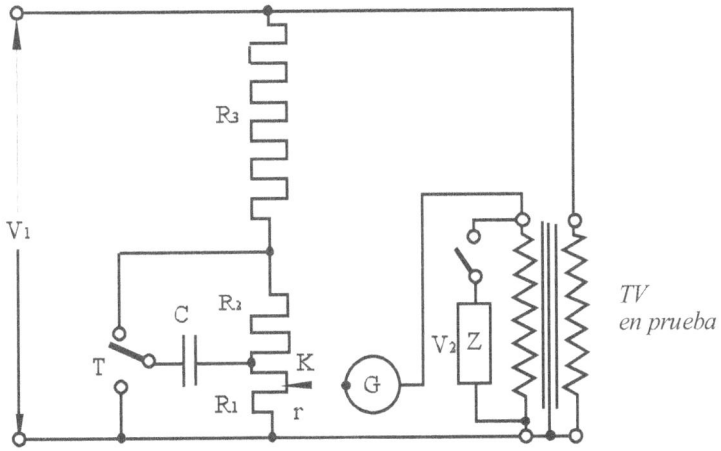

Figura 3-8. Circuito básico para la verificación de los errores de un transformador de tensión usando un divisor de tensión óhmico.

El inconveniente puede ser atenuado reduciendo la resistencia del divisor, teniendo en cuenta el valor de la corriente que circula por el divisor, especialmente para tensiones elevadas donde la potencia disipada puede ser relevante.

Con referencia al círculo de la figura 3-8, se logra la condición de cero, sobre el galvanómetro para corriente alterna, colocado en el circuito, cambiando de posición el cursor K y modificando los valores de las capacidades dadas de las capacitares colocados en paralelo sobre una parte de de la rama de baja tensión del divisor.

Es de hacer notar que, según sea el signo del error angular relativo al transformador en prueba, los capacitares deberán ser colocados en paralelo con los resistores R_1 ó R_2, que en el circuito han sido considerados de igual valor, y más precisamente cuando el ángulo de fase del TV está en retardo, debe ser colocado en paralelo R_1 y si el ángulo está en adelanto, el capacitor deberá ser puesto en paralelo con R_2.

De la condición de equilibrio se obtienen las siguientes expresiones:

$$K = \frac{V_1}{V_2} = \frac{R_1 + R_2 + R_3}{r} \qquad \varepsilon \cong \tan \varepsilon \cong \omega c \frac{R_1^{\,2}}{R_1 + R_2 + R_3}$$

El signo del ángulo se determina en base a la posición del conmutador T de acuerdo a la convención mencionada. El valor de la relación que se obtiene corresponde a la relación real del transformador, en las condiciones en que fue efectuada la medición.

El error de relación porcentual ($\eta\%$) se determina en base a la relación:

$$\eta\% = 100 \frac{kn - K}{K}$$

Una oportuna elección de los parámetros puede simplificar notablemente el cálculo de los resultados, como ser, para una determinada frecuencia el término:

$$\omega = \frac{R_1^{\,2}}{R_1 + R_2 + R_3}$$

Puede ser igual a un múltiplo o submúltiplo de diez y el valor de la capacidad, al menos en la posición de la coma, es directamente el error angular en radiares o en centésimos de radiares.

El circuito representado en la figura 3-8 puede ser modificado como el representado en la figura 3-9.

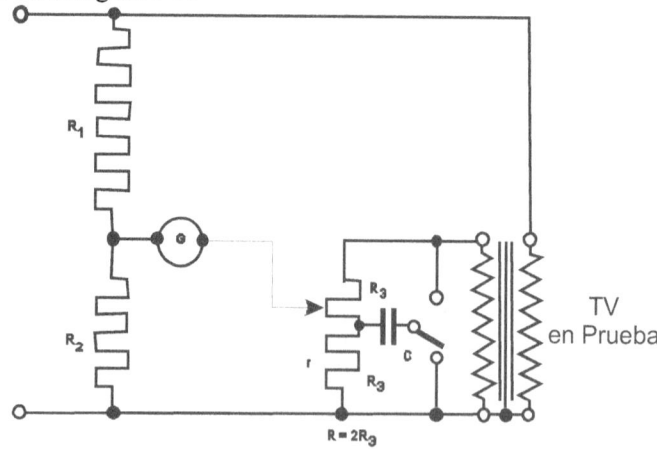

Figura 3-9. Circuito modificado para la verificación de los errores de un transformador de tensión con divisor de tensión óhmico.

En este caso, en ausencia de carga sobre el TV, éste tiene siempre el secundario a circuito cerrado sobre una resistencia a décadas complementarias, que aún siendo de valor elevado constituye siempre una cierta carga. El valor de esta resistencia suele ser de 10.000 Ω.

Las modalidades de puesta a cero del galvanómetro son lo que se mencionan procedentemente y resulta necesario accionar sobre la posición del cursor K y sobre el valor de la capacidad C.

Las fórmulas son las siguientes:

$$K = \frac{R_1 R_2}{R_1 R} r \qquad\qquad \varepsilon \cong \tan \varepsilon = \frac{\omega C R_2^2}{R}$$

en las cuales , los símbolos tienen el significado indicado en la figura 3-9.

El error de relación puede ser calculado de diversas formas. Si este error fuese nulo, la condición de cero del galvanómetro se obtendría para un valor de resistencia (ro) calculado por la expresión:

$$r_0 = \frac{R_2 R}{R_1 + R_2} kn$$

mientras que en la presencia de un error de relación, la condición de cero se logrará para un valor diferente de ro, y precisamente el valor de r será mayor que ro en el caso de un error negativo.

En definitiva se puede escribir la siguiente relación.

$$\eta\% = \frac{ro - r}{ro} 100$$

3.4.2 Métodos directos de comparación o diferenciales

La aplicación de los métodos directos de comparación también llamados diferenciales, para la verificación de los errores de relación y de fase de los transformadores de tensión es muy común debido a la facilidad de su empleo y el grado de precisión con que pueden ser determinados.

La utilización de los métodos directos requiere el empleo de transformadores de tensión patrones, es decir, de un transformador del cual se conocen, con exactitud, los valores de los errores de relación y angular.

Para simplificar el tratamiento, examinemos algunos esquemas normalmente usados, partiendo inicialmente de la suposición que el transformador patrón está libre de errores y que tiene un valor de la relación nominal idéntica a la del transformador en prueba

El esquema de la figura 3-10 muestra las condiciones antes mencionadas

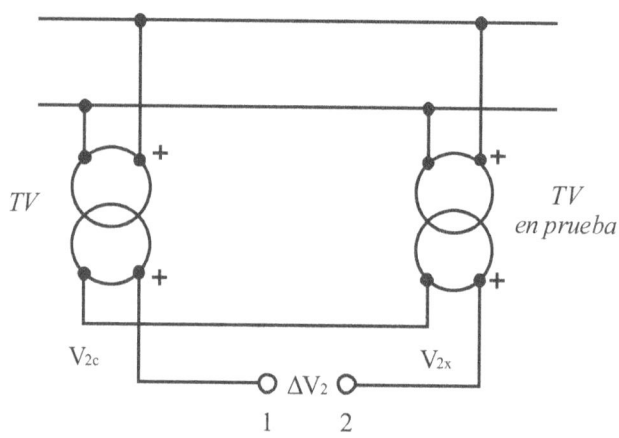

Figura 3-10. Esquema básico del método de comparación.

Los dos transformadores deben ser conectados con sus arrollamientos primario en paralelo y los arrollamientos secundarios en oposición, respetando la polaridad de los bornes entre los puntos 1 y 2 mostrada. Para la condición en la cual se opera, una tensión ΔV_2 representa el vector correspondiente al error complejo del transformador en prueba, figura 3-11.

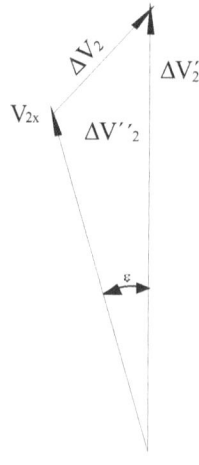

Figura 3-11. Diagrama vectorial que pone en evidencia los errores de relación, ángulos y el error complejo.

En base a lo expuesto anteriormente se puede decir con suficiente precisión que

$$\eta\% = 100\,\frac{\Delta V_2'}{V2c}$$

$$\varepsilon\% = 100\,\frac{\Delta V_2''}{V2c}$$

Donde $\Delta V_2'$ es la proyección del vector que representa el error complejo sobre el vector que representa la tensión V2c mientras $\Delta V_2''$ es la proyección del vector de error sobre un vector en cuadratura con V2c.

Uno de los métodos más usados para la determinación de los errores de un transformador de tensión, usando transformador patrón es el que muestra el esquema de la figura 3-12. Los primarios de los dos transformadores están conectados en paralelo y por facilitar el ajuste fino de la amplitud y fase de la tensión secundaria, el transformador patrón es igual al transformador en prueba.

En el circuito simplificado mostrado en la figura 3-12 el balance de relación se efectúa mediante el ajuste del arrollamiento primario N_1 de un autotransformador conectado en el secundario, el balance de fase ajustando la resistencia r a través de la cual circule la corriente en cuadratura con la tensión secundaria y el signo luego con la conmutación del interrupción.

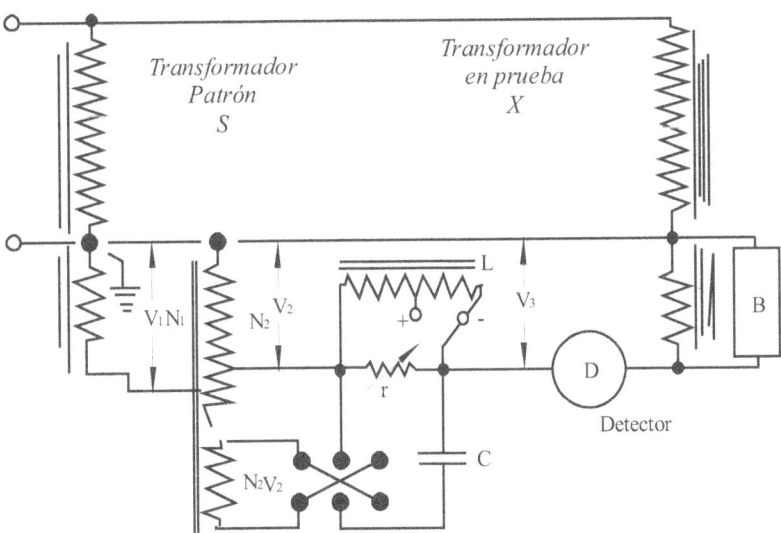

Figura 3-12. Esquema simplificado de un circuito usado por comparación para la determinación de los errores de relaciones (Ks$_1$) y de fase (Es Ex).

Ajustando adecuadamente se pueden obtener etapas de 1 a 10^4 en relación y $0 - 1'$ en fase. En el balance

$$K2\big/_{K1} = \frac{N1}{N2}$$

$$\varepsilon_x = \varepsilon_s \pm r\omega c$$

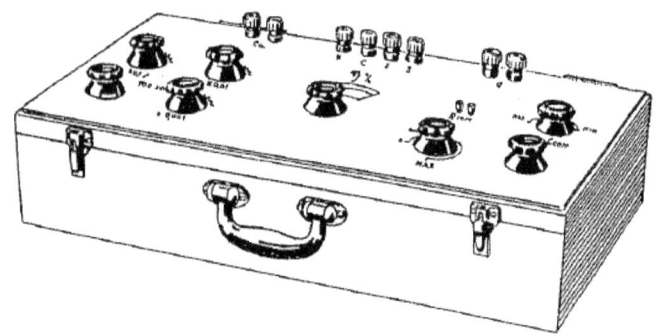

Figura3-13. Vista externa de un comparador para transformadores de tensión.

Una ingeniosa forma del circuito es la introducción del brazo de la inductancia L en paralelo con la resistencia r con lo que la relación y la fase son completamente independientes. Usualmente L es ajustada igual a $2/\omega^2 c$ para ángulo de fase negativa y a $2/3\omega^2 c$ para positivo. Sin esta inductancia (V_2/V_3) será aproximadamente $1-(r\omega c)^2 2$ para ángulo de fase negativa y $1 + 3(r\omega c)^2 2$ para positivo.

El cambio desde un valor a otro de la inductancia se efectúa por medio de un polo auxiliar en el conmutador de fase. Este equipo es portátil y tiene incorporado un detector para la condición de equilibrio, figura 3-13.

3.5 Ensayo de Calentamiento

El ensayo de calentamiento de un transformador de tensión se realiza con los mismos criterios expuestos para los transformadores de potencia.

Dado que los valores de potencia son siempre pequeños, el ensayo se ejecuta por el método de carga real, alimentando el transformador de tensión del lado primario con el mayor valor de tensión admitido en el funcionamiento y a frecuencia nominal, mientras que a los bornes del arrollamiento secundario se debe conectar una carga correspondiente a la potencia más elevada por la cual está previsto el transformador.

Con respecto a la tensión de alimentación las normas preveen que todos los transformadores, salvo casos especiales, deben soportar, en las condiciones correspondientes a la máxima carga nominal, un valor de tensión nominal, un valor de tensión correspondiente a 1,2 veces el nominal de operación, en forma continua.

Las normas también prevén que el TV debe soportar durante los 10 minutos primeros un valor de tensión de 1,5 veces el nominal.

En todos los casos el valor de sobretemperatura relevado al final de la prueba no debe superar el prescripto por la norma por los transformadores de potencia.

Las normas prevén dos casos:

1.   Los transformadores de tensión monofásicos, con un borne del primario conectado a tierra deben soportar en forma continua y en condiciones de máxima carga, una tensión igual a la máxima concatenada del sistema eléctrico en el cual está inserto, sin registrar sobretemperaturas superiores a las admitidas por la norma.

2.   Los transformadores trifásicos, destinados a funcionar con un punto del arrollamiento primario permanentemente conectado a tierra, debe soportar en forma continua y en las condiciones de máxima carga, la tensión de ejercicio con uno de los terminales primarios unido a la línea conectada con el punto destinado a la conexión a tierra sin sufrir sobretemperaturas superior establecida por las normas.

3.6   ENSAYOS DE AISLACIÓN:

Sobre los transformadores de tensión en sede de recepción, se deben realizar los siguientes ensayos:
-        ensayo de tensión aplicada
-        ensayo de tensión inducida (verificación de la aislación entre espiras)
-        ensayo con tensión de impulso.

Es de hacer notar que sobre los transformadores de tensión destinados a funcionar con un punto de arrollamiento primario puesto en tierra, no es posible realizar el ensayo de tensión aplicado de este arrollamiento. En su lugar se realiza una prueba de tensión inducida de particular severidad.

La prueba de tensión a impulso, solo se concreta en transformadores destinados a función sobre redes expuestas.

3.6.1 Ensayo de tensión aplicada

La prueba de tensión aplicada se lleva a cabo sobre todos los arrollamientos, o secciones de arrollamientos, del transformador de tensión, con la excepción del curso ya citado.

Los valores de las tensiones de prueba son establecidos por las normas correspondientes.

La frecuencia a utilizar debe estar comprendida entre 25 y 100 Hz, la forma de la onda de la tensión debe ser prácticamente sinusoidal y el valor fijado debe ser medido con un instrumento apto para medir el valor de cresta.

El ensayo se realiza con los métodos similares a los usados para los transformadores de potencia.

3.6.2 Ensayo de sobretensión entre espiras

El ensayo de sobretensiones entre espiras o prueba de tensión inducida tiene, generalmente, la finalidad de verificar el estado de la aislación interna del transformador de tensión, salvo el caso de los transformadores destinados a funcionar con un punto de arrollamiento primario conectado a tierra en el cual el ensayo asume también la función de verificar la aislación externa.

La tensión de prueba debe ser aplicada durante un minuto alimentando al transformador indistintamente del arrollamiento primario o del secundario mediante una fuente de tensión de frecuencia convenientemente aumentada.

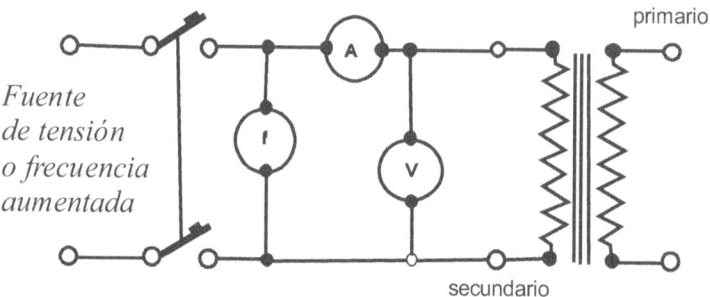

Figura 3-14. Circuito para la ejecución del ensayo de sobretensiones inducidas entre espiras de un transformador de tensión monofásico.

En particular para los diversos tipos de transformadores se usan las siguientes modalidades:

1) Para todos los transformadores, excepto en los indicados en los puntos siguientes, el valor de la tensión de prueba debe ser tal que, alimentado el primario o el secundario, a los extremos del arrollamiento primario se establezca

una tensión igual a dos veces el valor de la tensión nominal del ejercicio. Figura 3-14.

2)   Para los transformadores de tensión monofásicos, destinados a funcionar con un borne del primario a tierra sobre sistemas trifásicos, el valor de la tensión de prueba debe ser tal que a los extremos del arrollamiento primario se establezca una tensión igual a la tensión de prueba, a frecuencia industrial prevista para la relativa tensión nominal de aislación.

3)   Para los transformadores de tensión trifásicos, destinados a funcionar con un terminal primario puesto a tierra sobre sistemas trifásicos, la prueba se ejecuta alimentando el transformador del arrollamiento primario y conectando, sucesivamente, cada uno de los terminales primarios con el punto destinado a la conexión a tierra. El valor de la tensión de prueba debe ser igual al de la prueba a frecuencia industrial prevista para la relativa tensión nominal de aislación, figura 3-15.

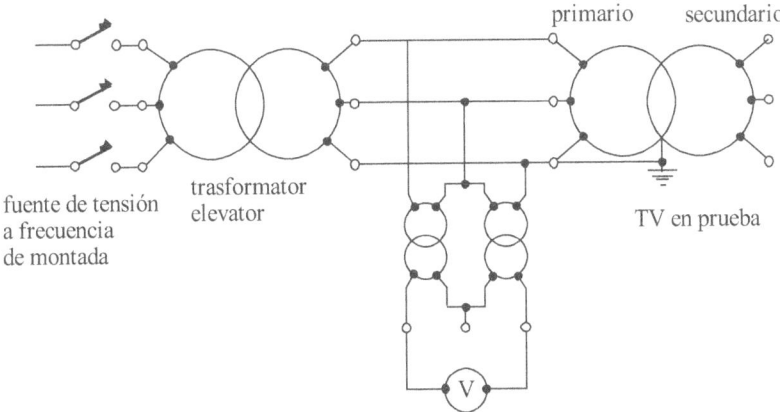

Figura 3-15. Circuito para la ejecución del ensayo de sobretensiones entre espiras de un transformador de tensión trifásico destinado a funcionar con un Terminal primario puesto a tierra.

En casos especiales, no comprendido entre los mencionados, los valores de la tensión de prueba y la modalidad de aplicación pueden ser diferentes de aquellos indicados; en tal caso deben ser previstos acuerdos entre el fabricante y el comprador.

3.6.3 Ensayo con tensión de impulso

El ensayo con tensión de impulso debe ser aplicado a los trasformadores de tensión, destinados a funcionar sobre redes expuestas a las sobretensiones de origen atmosférico.

La modalidad de aplicación de los impulsos, un estudio sobre el comportamiento del transformador a las solicitaciones dependientes y el método para relevar eventuales anormalidades son los mismos expuestos para los transformadores de potencia.

Los valores de la tensión del ensayo deben ser los que prescriben las respectivas normas de acuerdo a la clase nominal de aislación respectiva.

Para cada terminal, del arrollamiento primario del transformador en prueba, deben ser aplicados tres impulsos normales 1,2/50 de polaridad positiva y negativa.

Las terminales libres del arrollamiento primario del transformador en prueba deben ser conectadas directamente al circuito de retorno del generador del impulso.

Dado el elevado valor de la impedancia que presentan los arrollamientos del TV, no son necesarias precauciones para mantener la forma de la onda dentro de los límites que establecen las normas.

Para la detección de las fallas que se pueden presentar durante el ensayo es aconsejable utilizar los dos métodos siguientes:

Método de la corriente capacitiva secundaria:

Consiste en registrar en el osciloscopio la corriente que fluye entre los terminales secundarios, en cortocircuito, y la tierra, realizando el esquema mostrado en la figura 3-16.

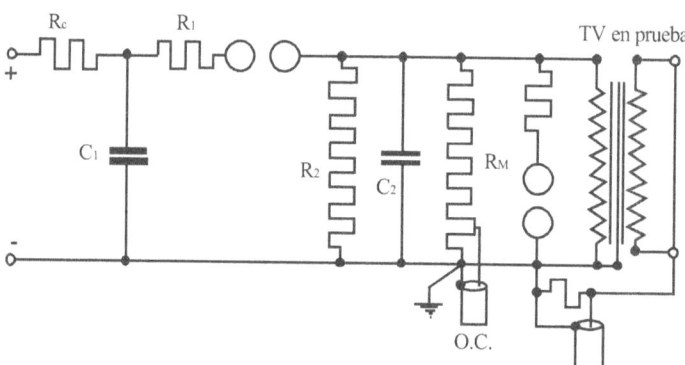

Figura 3-16. Esquema de ejecución de la prueba con tensión de impulso en un transformador de tensión, que prevé la aplicación del método de la corriente capacitiva secundaria para la detección de las fallas.

Cuando en el arrollamiento en prueba se verifica una descarga, el andamiento de la corriente capacitiva se altera, y, sobre el oscilograma se registran modificaciones en la forma de la onda respecto al oscilograma testigo.

Método inductivo:

Consiste en el registro de la tensión que se manifiesta entre los terminales secundarios, cerrado a través de un resistor de valor oportuno representado en el esquema de la figura 3-17.

Cuando en el arrollamiento en prueba se presenta una falla, el andamiento de la tensión a los bornes del secundario resulta modificado y la falla puede ser relevada sobre el oscilograma que se registra. Desde luego se debe registrar también la tensión aplicada que en el caso de fallas de cierta magnitud puede ser alterada en la forma.

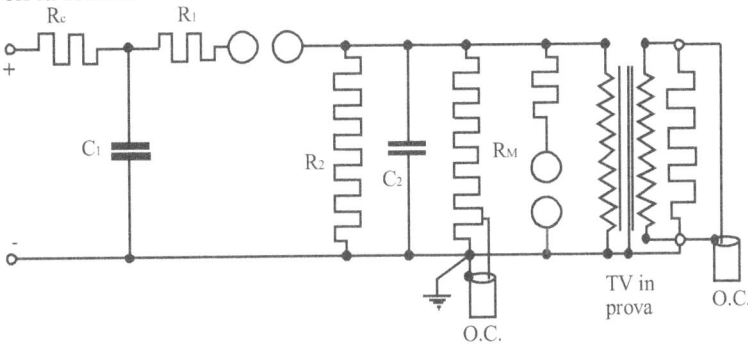

Figura 3-17. Esquema de la ejecución de la prueba de impulso de un transformador de tensión, que prevé la aplicación del método inductivo para la detección de la falla.

En la figura 3-18 son representados dos oscilogramas de la tensión secundaria durante el ensayo de impulso.

En la parte distinguida con la letra a, oscilograma testigo, no existe indicación de falla, mientras que el oscilograma distinguido con la letra b, relativo a un impulso de prueba, ha sido indicada la presencia de una falla.

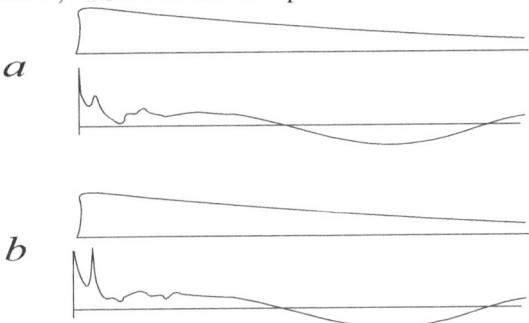

Figura 3-18. Osciogramas registrados durante un ensayo de impulso sobre un transformador de tensión (método inductivo).

i.   Impulso testigo

ii.   Impulso a plena tensión con indicación de falla

CAPÍTULO 4

TRANSFORMADORES DE CORRIENTE

4.1 GENERALIDADES

Los transformadores de corriente constituyen un aparato indispensable, ya sea para poder utilizar instrumentos de alcance normal en el caso de corrientes elevadas a para la seguridad del operador, cuando la medición debe ser hecha en alta tensión.

En cuanto a la inserción del transformador de corriente, en el circuito de medición, el arrollamiento primario se conecta en serie con el circuito, en el cual se debe hacer la medición y el arrollamiento secundario se cierra sobre un amperímetro o un circuito amperimétrico

Como los transformadores de tensión, los transformadores de corriente están afectados de errores de relación y de fase y los límites de estos errores están fijados por las normas respectivas de acuerdo a la clase de exactitud.

Los ensayos que se realizan normalmente para determinar la calidad de los transformadores de la corriente son los siguientes:

1) Verificación de la correspondencia de las terminales
2) Verificación de los errores de relación y angulares
3) Ensayo de calentamiento
4) Ensayo de aislación
5) Verificación de la aptitud para resistir a las solicitaciones derivadas de las sobrecargas
6) Verificación del coeficiente de sobrecarga

4.2 ERRORES DE RELACIÓN Y DE ÁNGULOS. ERROR COMPLEJO:

Una medición de corriente hecha mediante el uso de un transformador de corriente resulta afectada, en general, de los errores debido a las características constructivas del transformador de medición usado.

Refiriéndonos al diagrama vectorial de la figura 4-1 es posible hacer notar que:

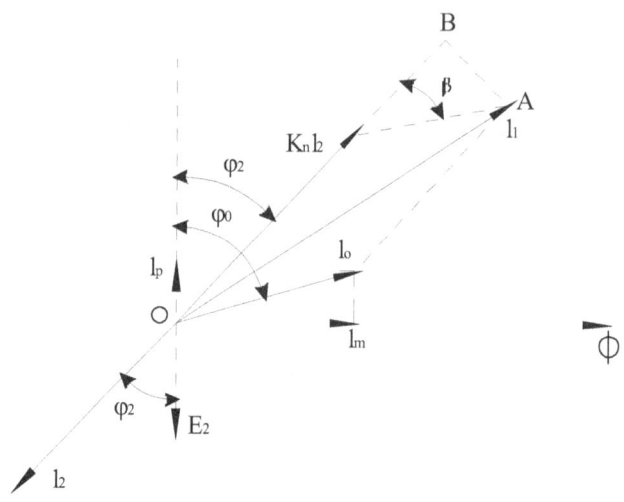

Figura 4-1. Diagrama Vectorial de las magnitudes de un transformador de corriente.

1) El valor de la relación entre la corriente primaria y la secundaria no es constante y depende de la entidad relativa del vector que representa la corriente de excitación, cuyo valor es variable en relación a la valor de la fuerza electromotriz necesaria para hacer circular la corriente en el secundario.

2) Por causa de la corriente de excitación, las corrientes primaria y secundaria no están en oposición de fase. No siendo el valor de la corriente de excitación proporcional al flujo y ligado a la relación no lineal debida a la presencia del hierro, es posible concluir que la forma del diagrama vectorial de la figura 4-1 varía con la variación del valor de la corriente primaria o con relación a las características de carga conectada a los bornes secundarios, que constituye la prestación del transformador de corriente TA.

3) De los conceptos expuestos es posible definir los errores de relación y de ángulo relativos a estos transformadores. El error de relación expresado en un valor relativo porcentual viene dado por la siguiente expresión:

$$\eta\% = 100\,\frac{Kn - K}{K}$$

donde Kn representa el valor de la relación nominal de transformación mientras que K la relación real.

El error de ángulo, o de fase, se define en radianes (ε) o en centésimas de radianes o en segundos de grado, del ángulo de fase existente entre el vector de la corriente primaria y el de la secundaria cambiado de signo, con la convención de considerar positivo el error de ángulo correspondiente a una corriente secundaria, que cambiada de signo está en adelante con la corriente primaria.

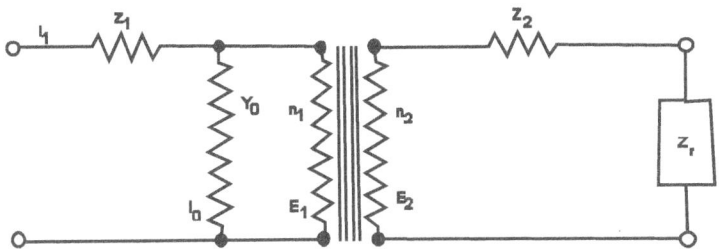

Figura 4-2. Circuito equivalente de un transformador de corriente.

En el análisis del error de relación se ha considerado solo la relación nominal de transformación, mientras, en efecto, este valor difiere casi siempre del determinado por la relación entre el número de espiras del secundario y del primario (Ks).

Introduciendo esta nueva magnitud y considerando el circuito equivalente de la figura 4-2 es posible construir el diagrama vectorial de la figura 4-3 que es análogo al considerado anteriormente, con la sola diferencia consistente en la sustitución de la relación nominal por la relación entre espiras. Del análisis del diagrama vectorial se pueden establecer con suficiente aproximación la siguiente relación:

$$I_1 \cong Ks I_2 + Ia \cos \beta$$

El error de relación relativo se obtiene de la siguiente relación:

$$\eta = \frac{Kn\, I_2 - I_1}{I_1}$$

Análogo a la indicada anteriormente, y en la cual sustituyendo en el numerador el valor de I_1 obtenido del diagrama vectorial mostrado en la figura 4-3 tenemos:

$$\eta = \frac{Kn\, I_2 - Ks I_2 - Ia \cos \beta}{I_1}$$

La relación obtenida por las consideraciones ya efectuadas es de la forma:

$$\eta = \frac{Kn - Ks}{K_\eta} - \frac{I_Q}{I_1} \cos \beta$$

Como es posible deducir, el error de relación puede ser considerado como constituido por dos términos, uno constante, para un dicho TA y se anula cuando el valor de relación K_n es igual al valor de relación entre espiras Ks. Es evidente que en el caso considerado el valor del error de relación es representado por el último término de la relación

$$\left(-\frac{I_0}{I_1} \cos \beta \right)$$

cuyo valor es en este caso negativo

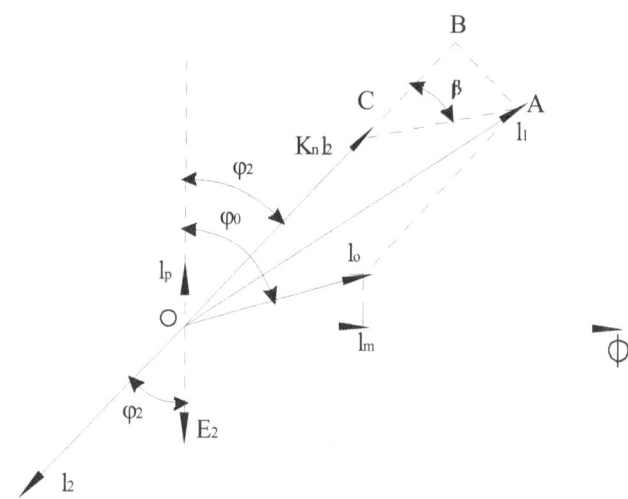

Figura 4-3. Diagrama vectorial de las magnitudes eléctricas en un transformador de corriente para el estudio del comportamiento de los errores.

De lo anterior se deduce que el error de ángulo depende también de la relación $\frac{I_0}{I_1}$ y de la función trigonométrica sen β, donde β es igual a φ_0 - φ_2, es decir, el valor será positivo cuando $\varphi_0 > \varphi_2$, una condición que se cumple casi siempre en la práctica.

En base a la definición de los errores de relación y de ángulo, se puede definir el error complejo que referido a la figura 4-3 está representado por el segmento AC.

Ahora resulta fácil deducir que el segmento BC es proporcional al error de relación y el segmento AB es proporcional al error de ángulo.

El error complejo E resulta:

$$E = \frac{Kn - Ks}{Kn} - \frac{I_0}{I_1} \cos \beta + j \frac{I_0}{I_1} \operatorname{sen} \beta$$

La expresión es válida si se supone sinusoidal la forma de la onda de la corriente que circula por el circuito. En la realidad, muchas veces especialmente para condiciones de funcionamiento con corrientes superiores a la nominal, la relación que determina el error complejo no es válida en primera aproximación.

4.3 Verificación de la Correspondencia de los Terminales

La prueba se realiza a los efectos de verificar la correspondencia de las marcas puestas por el fabricante sobre los terminales primario y secundario.

La polaridad puede ser controlada también durante la ejecución de la verificación de los errores de relación y angular; sin embargo es preferible que la prueba se efectúe antes a los fines de evitar solicitaciones anormales en los instrumentos en caso de que las indicaciones sean erróneas.

El método utilizado es idéntico al empleado para los transformadores de tensión.

4.4 Verificación de los Errores de Relación y de Ángulo

La verificación de los errores de relación y de ángulo en los transformadores de corriente, se realiza con los mismos criterios ya citados para los transformadores de tensión. Mediante estos ensayos se tiende a establecer si los valores de los errores se encuentran dentro de los límites correspondientes a la clase de exactitud relativa.

El comportamiento del transformador debe ser examinado dentro de los límites de funcionamiento respecto a la corriente de alimentación y a los valores de prestación.

La verificación puede hacerse siguiendo los siguientes criterios fundamentales:
- Métodos Directos
- Métodos Indirectos

En general se prefiere usar los métodos directos, especialmente cuando la medición forma parte de los ensayos industriales, siendo los métodos indirectos mucho más laboriosos y también más elevado el grado de incertidumbre de los resultados.

Refiriéndonos a los métodos directos, son válidas las mismas consideraciones hechas por los transformadores de tensión y se puede afirmar que entre los métodos de prueba, referido a los dos tipos de transformadores de medición, existen analogías que no son solo formales y los métodos directos pueden ser clasificados en dos grupos:
- Métodos directos absolutos
- Métodos directos de comparación (o diferenciales)

Mientras los métodos directos absolutos se basan, para la determinación de los valores de errores, en la medición de corriente, resistencia, etc., los métodos diferenciales que, en general, se prefieren adoptar ya que ofrecen una mayor rapidez y comodidad en la aplicación, requieren de corriente patrón.

4.4.1 Métodos directos absolutos

Aunque los métodos de medición absolutos son difícilmente empleados en el campo industrial resulta interesante conocer sus principios fundamentales.

El método absoluto se basa en el empleo de resistores patrones y los circuitos que se puedan implementar son numerosos.

A título informativo examinemos el mostrado en la figura 4 – 4.

En serie con el arrollamiento primario del TA debe ser colocado un resistor patrón (S_1), en paralelo con éste se coloca un resistor potenciométrico (R_1).

En el circuito está la bobina fija de un voltímetro auxiliar, que puede ser alimentada a través de un transformador de corriente auxiliar.

Del arrollamiento secundario del TA en prueba deben ser derivadas dos cargas puestas en serie entre ellas, de las cuales la primera es un resistor patrón (S_2) y la segunda la impedancia de prestación del transformador. La carga debe poder ser excluida del circuito mediante un dispositivo de cortocircuito. La tensión que se manifiesta a los extremos del resistor S_2 es igualada mediante los elementos del circuito, con aquella obtenida de la suma vectorial de las dos caídas de tensión relativas al potenciómetro R_1 y el potenciómetro R_2 puestos en la posición correspondiente.

El potenciómetro R_2 debe ser alimentado con una tensión regulable en amplitud y fase, mientras el galvanómetro, sirve para comprobar el equilibrio.

Si se puede lograr que la caída de tensión sobre V_1 sea necesariamente en fase con la corriente primaria, y que la indicación de voltímetro auxiliar indique cero, regulando la fase de la corriente auxiliar en anticipo con la corriente primaria, la caída de tensión sobre V_2 resulta en cuadratura con la corriente primaria. Se supone en este caso que el error de fase es positivo.

Obtenida esta condición, y suponiendo que el TA en prueba tiene valores nulos de error, los cursores de los potenciómetros se encuentran en posiciones bien diferenciadas o sea:

- el del resistor R_1 se encontrará en un punto con que se cumple la siguiente condición:

$$S_2 I_2 = \frac{S_1 r_1 I_1}{R_1}, \; es\; decir \;\; r_1 = \frac{R_1 S_1}{S_1 Kn}$$

donde Kn es la relación de transformación nominal del TA.

- el del resistor R_2 se encontrará en la posición para la cual $r_2 = 0$.

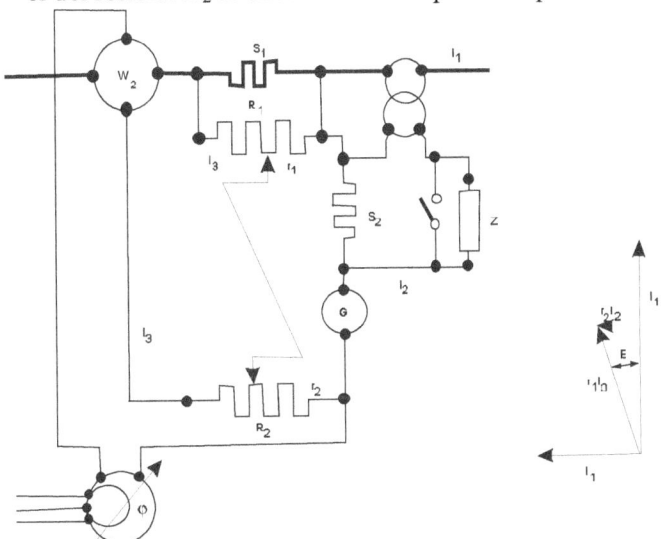

Figura 4-4, Esquema del principio para la determinación de los errores de un transformador de corriente para la aplicación del método directo absoluto y con el auxilio de un desfasador a inductancia.

En presencia de errores, para lo cual se verifica la condición de cero del galvanómetro, para el potenciómetro R_2 se dará

$$r_1^1 = \frac{R_1 S_2}{S_1 K}$$

Donde K es el valor de relación de transformación real del TA. El valor del error de relación puede ser encontrado directamente en base a los valores de las resistencias $r_1{}'$ y r_1 con la relación.

$$\eta\% = \frac{r_1^1 - r_1}{S_1 K} 100$$

El valor del error de ángulo se deduce del valor de la resistencia r_2 y de la corriente auxiliar I_a medible directamente con un amperímetro

Se verifica la igualdad

$$R_2 Ia = S_2 I_2 \,\text{sen}\,\varepsilon$$

en la cual, los símbolos tienen el significado expreso o deducible del diagrama vectorial de la figura 4 – 4. En definitiva se obtiene que el error de ángulo porcentual expresado en centirradiares calculándolo por la siguiente relación.

$$\varepsilon\% \cong 100\,\text{sen}\,\varepsilon = 100\,\frac{r_2 Ia}{S_2 I_2}$$

Es fácilmente deducible que mediante la oportuna elección de los parámetros y de los valores en el circuito, es posible graduar, directamente, el cursor puesto R_1 y el puesto en R_2, de manera de obtener de las indicaciones los valores de los errores porcentuales de relación y de fase.

Del método examinado se pueden deducir otros más o menos complejos en los cuales se tiende a los componentes en cuadratura usando diversos artificios.

A título de ejemplo, en la figura 4-5 se muestra un esquema que obtiene la compensación del error de ángulo mediante capacitares colocados en paralelo con una parte del resistor R puesto a su vez en paralelo al derivador S_1. En el circuito se supone $R_1 = R_2$.

El método presenta analogías sustanciales con el indicado en la figura 3-8, relativa a los métodos de prueba de los transformadores de tensión. Con respecto al error de relación, la determinación se obtiene con el mismo criterio indicado en el esquema realizado en el caso precedente, mientras que el valor del error angular se calcula mediante

$$\varepsilon\% \cong 100 \tan \varepsilon \simeq \frac{100\,\omega r_2^2 C}{R_1 + R_2}$$

que se refiere al caso experimentalmente más frecuente de errores de ángulo positivo.

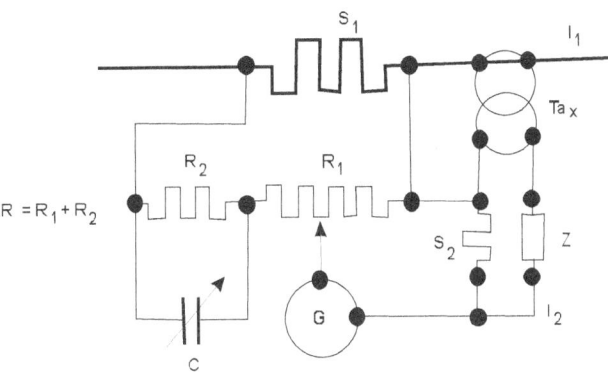

Figura 4- 5. Esquema de principio para la determinación de los errores de un transformador de corriente con la aplicación del método directo absoluto con el auxilio de capacitares variables.

En el caso del error de ángulo negativo, el procedimiento es análogo, pero la capacidad C debe ser derivada sobre la resistencia R_1, de modo que la relación necesaria para el cálculo es:

$$\varepsilon\% \cong 100 \tan \varepsilon = -100 \frac{\omega R_1^2 c}{R_1 + R_2}$$

Otra solución aplicada prevé el empleo de un inductor mutuo, colocado en el circuito mostrado en la figura 4-6 en el cual la determinación de error de relación permanece invariable, no así para el error angular en el que hay que considerar el valor de la inductancia mutua (M), mediante la relación:

$$\varepsilon\% \cong 100 \tan \varepsilon = -100 \frac{\omega M I_2}{S_2 I_2} = 100 \frac{\omega M}{S_2}$$

En general el inductor mutuo es calibrado de modo que el índice vinculado a la parte rotante, indique directamente el valor del error angular en contiradiares

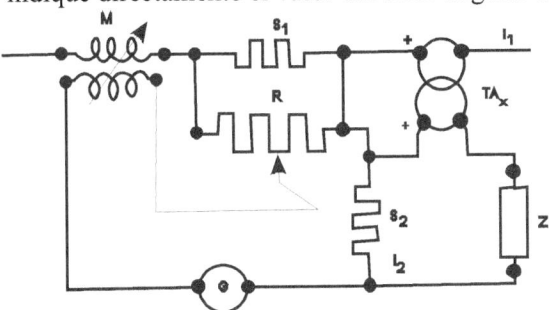

Figura 4-6. Esquema del principio para la determinación de los errores de un transformador de corriente con la aplicación del método directo absoluto y con el auxilio de una inductancia mutua.

4.4.2 Métodos directos de comparación o diferenciales

Análogamente a lo expuesto para los transformadores de tensión, también para los transformadores de corriente se usa frecuentemente, para la verificación de los errores, los métodos directos de comparación (o diferenciales). Estos métodos requieren el empleo de transformadores de corriente patrones cuyos errores sean conocidos con suficiente precisión.

Las soluciones que se adoptan son muchas y solo nos limitaremos a explorar los conceptos fundamentales sobre el método y algunos circuitos más comunes.

Examinaremos los esquemas de las figuras 4-7 y el respectivo diagrama vectorial de la figura 4-8. Dos TA, uno de prueba y otro patrón, que para facilitar la exposición lo consideraremos inicialmente libre de errores y de relación igual al del TA en prueba, son colocados con los primarios en serie de modo que estos arrollamientos sean atravesados por la misma corriente. Los arrollamientos secundarios son puestos en cortocircuito, pero en un circuito común (Puntos A y B de la figura 4-7). Las conexiones se realizan de manera que para la rama AB circula la corriente correspondiente a la diferencia ΔI_2 de las dos corrientes I_{2x} e I_{2c}.

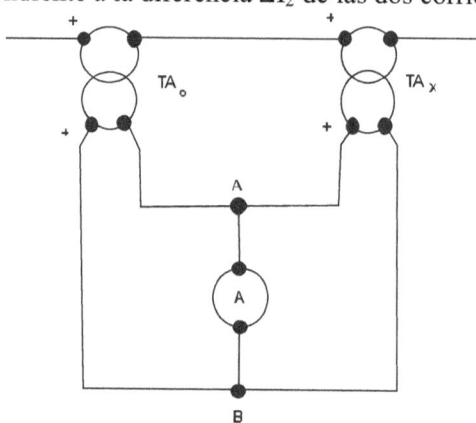

Figura 4-7. Esquema del principio del método de comparación.

Examinando el diagrama vectorial de la figura 4-8 y despreciando los errores relativos al TA patrón, se pueden establecer las relaciones que definen los valores de los errores de relación y de ángulo.

$$\eta\% = 100\,\frac{\Delta I_2^{'}}{I_{2c}}$$

$$\varepsilon\% = 100\,\frac{\Delta I_2^{''}}{I_{2c}}$$

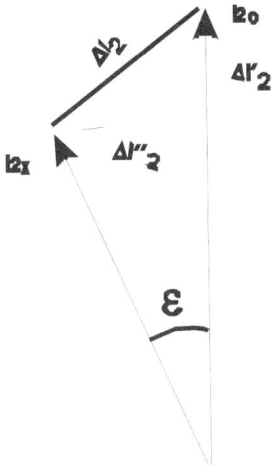

Figura 4-8. Diagrama vectorial que pone en evidencia los errores de relación, de ángulo y el error complejo.

También para los TA la determinación de los valores de los errores de relación y de ángulo se efectúa por las proyecciones del vector ΔI_2 (que representa el error complejo) sobre los componentes en fase y en cuadratura respecto a la corriente secundaria del TA patrón.

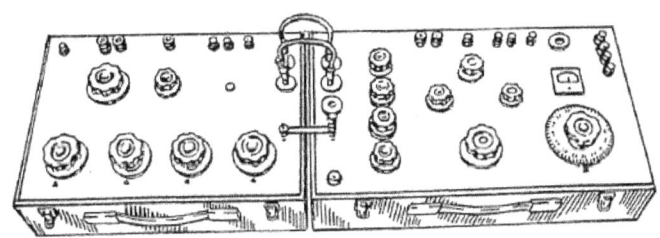

Figura 4-9. Vista externa de un comparador por reductores de corriente.

Un método, frecuentemente usado para la verificación es el mostrado en la figura 4-10. En este caso se recurre al auxilio de un inductor mutuo patrón variable, y de un galvanómetro para corriente alterna. El cursor C se apoya sobre una resistencia de hilo calibrada.

El principio del método es el siguiente:

-        mediante una oportuna regulación de la caída de tensión, sobre el resistor de hilo, predeterminado por medio del cursor y de la tensión inducida con el secundario del inductor mutuo por la corriente del patrón, se logra la igualdad entre la suma vectorial de las tensiones citadas, con la que aparece en los terminales del derivador S, atravesado por la corriente diferencia ΔI_2.

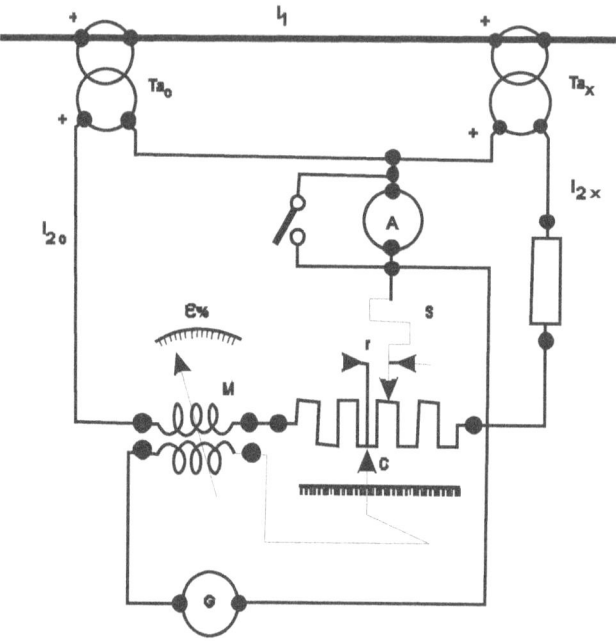

Figura 4-10. Esquema para la verificación de los errores por el método de cero.

Como el valor de la caída de tensión sobre el derivador S es proporcional al error complejo del TA, es posible arribar, en base a las condiciones que se verifican en correspondencia con la posición de cero del galvanómetro, a los valores de los errores de relación y de ángulo. Luego, la caída de tensión, determinada por el resistor de hilo calibrado ($V_2\ I_{2c}$) está en fase con la corriente que atraviesa el resistor, y la fuerza electromotriz inducida en el arrollamiento secundario del inductor mutuo, está en cuadratura con la corriente I_{2c}. Estas dos tensiones son respectivamente proporcionales al error de relación y de ángulo. En las condiciones de equilibrio se verifican las condiciones en las cuales son válidas las siguientes expresiones:

$$rI_2c = S\Delta I_2^{1}$$

$$\omega MI_{2c} = S\Delta I_2^{''}$$

Los símbolos están acorde al circuito de la figura 4-10 por lo tanto, recordando la definición de los errores de relación y de ángulo queda:

$$\eta\% = 100\,\frac{\Delta I'_2}{I_{2c}} = 100\,\frac{r}{s}$$

$$\varepsilon\% = 100\,\frac{\Delta I''_2}{I_{2c}} = 100\,\omega\,\frac{M}{S}$$

Y consecuentemente es intuible que el hilo graduado puede ser dimensionado en modo de suministrar, directamente, el valor de relación.

Par una frecuencia determinada puede obtenerse directamente el error de ángulo calibrando convenientemente el inductor mutuo.

Para la determinación de los signos, es necesario hacer notar que el error de relación es positivo cuando el cursor del resistor de hilo, al final de las medición, está sobre el lado del transformador patrón y es negativo cuando se encuentra del lado del transformador en prueba para el de ángulo, cuyo signo depende de la posición relativa del estator y rotor del inductor mutuo. La indicación está determinada por el índice.

Cuando el TA patrón no puede ser considerado libre de errores, para todos los casos se aplican los siguientes criterios:

$$\eta = \eta_m + \eta_p$$

$$\varepsilon = \varepsilon_m + \varepsilon_p$$

Donde η_p y ε_p corresponden al transformador patrón mientras que η_m y ε_m son los valores medidos.

4.5 ENSAYO DE CALENTAMIENTO

El comportamiento térmico de un transformador de corriente se examina a través del ensayo de calentamiento.

La prueba se realiza aplicando el método de carga real, haciendo circular por el arrollamiento primario un valor de corriente de calentamiento a la frecuencia nominal.

En muchos casos el valor de la corriente de calentamiento no corresponde al nominal referido a la clase de prestación del TA, porque es previsible que el transformador pueda funcionar también en condiciones de sobrecarga con valores comprendidos en general entre 1,2 a 1,5 veces la corriente nominal.

A los terminales del arrollamiento secundario se deriva una carga igual a la prestación máxima prevista para el TA en prueba.

La prueba debe ser prolongada en el tiempo hasta que se logran las condiciones de régimen térmico o al menos cuando el aumento de temperatura no supera 1° C por hora. El valor de la temperatura en los arrollamientos se determina por variación de resistencia, mientras las temperaturas de las otras partes de la máquina y la del ambiente deben ser determinadas por métodos termométricos siguiendo los criterios mencionados.

Para arrollamientos, cuyo valor de resistencia sea muy bajo (primario de barra pasante) se admite medir la sobretemperatura con termómetros o termocuplas.

En el ensayo de calentamiento para transformadores destinados a funcionar sobre sistemas de muy alta tensión, para las cuales la constante de tiempo térmica asume un valor muy elevado es poco práctico utilizar, para la medición de la temperatura ambiente, termómetros colocados en la forma indicada anteriormente. Cuando es posible, resulta mucho más cómodo utilizar un TA del mismo tipo puesto a una distancia oportuna y no alimentado, sobre el cual se coloca el termómetro para la medición de la temperatura ambiente, en la misma forma expresada para los transformadores de tensión.

4.6 ENSAYOS DE AISLACIÓN

Los ensayos de aislación que se practican sobre los transformadores de corriente, son:

a) Ensayo de tensión aplicada
b) Ensayo de sobretensiones entre las espiras
c) Ensayo con tensión de impulso

El ensayo de tensión aplicada debe ser concretado entre algún arrollamiento (o alguna sección del arrollamiento) y los otros puestos a masa. El ensayo con tensión de impulso se hace solamente sobre los TA destinados a ser instalados sobre redes expuestas a las sobretensiones de origen atmosférico.

4.6.1 Ensayo de tensión aplicada:

La aislación de los arrollamientos de un transformador de corriente debe estar en grado de soportar, por un minuto, la tensión de frecuencia industrial, correspondiente al valor de la tensión nominal de aislación.

Los valores de tensión nominal de prueba están establecidos por las respectivas normas de acuerdo a la coordinación de la aislación.

La tensión de prueba debe ser alterna, de forma prácticamente sinusoidal, de frecuencia comprendida entre 25 y 50 H_Z.

Para el arrollamiento primario, la tensión de prueba se aplica entre éste y el arrollamiento secundario (o los secundarios) puestos a masa y a tierra.

Se inicia la prueba con un valor reducido de tensión, aumentándolo lo más rápidamente posible hasta alcanzar el valor prescripto.

Cuando el arrollamiento primario está formado por más de una sección, cada una de ellas debe ser probada con respecto a las otras, con una tensión alterna sinusoidal, igual a 2kV por un minuto.

El mismo valor de tensión de 2kV y durante el mismo tiempo de aplicación está previsto para el arrollamiento secundario (o para los arrollamientos secundarios si existen más de uno).

En este caso la prueba se realiza aplicando la tensión entre cada arrollamiento y todos los otros arrollamientos del TA conectados a masa y a tierra.

4.6.2 Ensayo de sobretensiones entre espiras:

El ensayo de sobretensiones entre espiras no tiene el propósito de reproducir condiciones que se verifican en la práctica, dado que para el TA deben ser evitadas, por varias razones, la posibilidad de funcionamiento con el secundario abierto. La prueba tiene solo la finalidad de indicar un grado suficiente de aislación entre espiras.

Los procedimientos que se pueden seguir son según la normativa que se utilice.

Actualmente son adoptados, entre otros, los dos métodos siguientes:

1) Manteniendo el secundario abierto, se hace pasar por el arrollamiento primario, por un minuto, una corriente a frecuencia nominal cuyo valor es el más bajo de las fijadas siguiendo la siguiente regla:

- El valor eficaz de la corriente es igual a la nominal primaria; en el caso que sea previsto que el TA puede funcionar permanentemente con un cierto grado de sobrecarga, el valor de la corriente debe ser el que corresponde a las condiciones de sobrecarga.

- El valor de cresta de la tensión inducida, media a los bornes del secundario es de 3,5 kV.

2) Manteniendo el arrollamiento primario abierto, se aplica el arrollamiento secundario, por un minuto, una tensión de frecuencia nominal cuyo valor sea el más pequeño del necesario para obtener una de las dos condiciones siguientes:

- El valor eficaz de la corriente secundaria es igual a la corriente secundaria nominal; también en este caso el valor de la corriente debe ser llevado al valor correspondiente a la máxima sobrecarga prevista.

- El valor de cresta de la tensión aplicada a los terminales del secundario es de 3,5 kV.

Por comodidad se prefiere el método desarrollado en el punto 2.

4.6.3 Ensayo con tensión de impulso

La aislación del primario de un transformador de corriente destinado a ser empleado en redes expuestas a sobretensiones de origen atmosférico, debe estar en grado de soportar impulsos de tensión de niveles correspondientes a la relativa tensión nominal de aislación.

El ensayo debe ser ejecutado con onda plena de forma nominal 1,2/50 aplicando la tensión entre el arrollamiento primario (en cortocircuito) y todos los otros arrollamientos conectados a tierra y a masa.

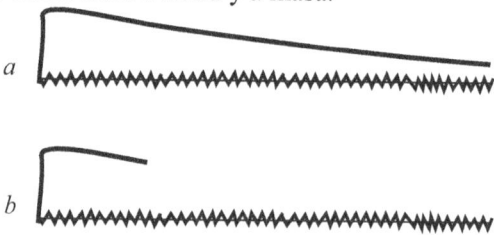

Figura 4-11. Oscilogramas de la tensión aplicada registrados durante la prueba con tensión de impulso de un transformador de corriente.

a) Impulso testigo.
b) Impulso a plena tensión con indicación de descarga.

Se deben aplicar cinco impulsos consecutivos, durante los cuales no se debe verificar ninguna descarga externa o perforaciones.

Según las normas internacionales se tolera que se produzca una descarga externa, sobre cinco impulsos, si posteriormente el transformador supera sin otra descarga, otros cinco impulsos de la misma tensión de prueba.

La polaridad de la onda de tensión debe ser aquella que puede ser considerada más peligrosa. Como no es posible conocer a priori esta eventualidad en el comportamiento de TA en prueba, es oportuno aplicar impulsos positivos y negativos.

Como magnitud sensible a las fallas se registra solo el oscilograma de tensión.

En la figura 4-11 se muestran dos oscilogramas de tensión de impulso de onda normalizada de 1,2/50 aplicados a un transformador de corriente. a) no se observa ninguna descarga mientras que en b) se verifica una descarga externa.

4.7 VERIFICACIÓN DE LA APTITUD DEL TRANSFORMADOR DE CORRIENTE PARA SOPORTAR LAS SOLICITACIONES DERIVADAS DE LAS SOBRECARGAS

Cuando un transformador de corriente es insertado en un circuito, puede ser sobrepuesto, por un tiempo breve y por causas accidentales, a corrientes muchas veces superiores a la normal.

Un TA debe ser diseñado y construido de modo de soportar, sin daño estas solicitaciones que pueden ser consideradas de dos tipos:
- solicitaciones de tipo térmico
- solicitaciones de tipo dinámico

Para cada transformador, el constructor debe indicar el valor de la corriente de cortocircuito térmica. Este valor debe ser considerado como el valor eficaz de la corriente primaria que el transformador de corriente puede soportar, por un segundo, sin que sus partes se calienten en modo notable. Idénticamente debe ser precisado el valor de la corriente dinámica nominal que representa el valor eficaz de la corriente que el transformador puede soportar, sin sufrir daños de naturaleza eléctrica o mecánica, a causa de los esfuerzos electrodinámicos.

Es oportuno recordar que normalmente el valor de la corriente dinámica nominal es de 2,5 veces el que corresponde a la corriente térmica de cortocircuito. Es fácilmente intuible que la prueba necesaria para verificar la aptitud de un TA para superar las solicitaciones derivadas del cortocircuito, pueden ser realizadas solamente en laboratorios altamente especializados porque son necesarias corrientes y tensiones de valores relevantes.

Se recuerda que esta prueba integra los ensayos de tipo y se concretan sobre un solo transformador de una partida de transformadores de iguales características.

La prueba para la verificación del comportamiento térmico del TA a la corriente de cortocircuito, se realizan con el secundario en cortocircuito, haciendo circular en el arrollamiento primario una corriente I, por un tiempo t de modo que el valor I_t^2 sea al menos igual al cuadrado de la corriente térmica nominal de cortocircuito. El valor de t debe estar comprendido entre 0,5 y 5 segundos. La prueba a las solicitaciones dinámicas deben ser hechas en las mismas condiciones indicadas, pero con una corriente tal que el valor de la primera cresta sea igual o superior a la corriente dinámica nominal, manteniéndola por el tiempo suficiente para superar la primera cresta de la corriente.

Es evidente que para la ejecución de todas pruebas se deba recurrir al registro oscilográfico y se debe disponer de equipos especiales para la sincronización del cierre y apertura de los interruptores.

Para asegurar el éxito de las dos pruebas indicadas se debe llevar el transformador a la temperatura ambiente y es común que no supere los 30° C.

Sucesivamente se verifica que:

1.   El TA no resulte dañado de forma aparente

2.   Los errores ángulo y de relación no deben superar en más del 50% el límite de la clase de exactitud correspondiente

3.   El TA debe estar en condiciones de superar las pruebas de tensión aplicadas con valores reducidas al 90% de los prescriptos

4.   Un examen de la aislación, conducida hasta la superficie de los conductores, no debe revelar ningún deterioro sensible determinado (por ejemplo una carbonización).

Este último examen no se considerará necesario si la densidad de corriente para la corriente nominal térmica de cortocircuito no supera los 160 A/mm2 para arrollamientos de cobre.

4.8 MÉTODOS PARA LA VERIFICACIÓN DEL COEFICIENTE DE SOBRECARGA:

Cuando un transformador de corriente está destinado a alimentar aparatos de protección, es necesario que cumpla con particulares requisitos que lo diferencian en modo sensible de aquellos normalmente empleados para la medición de corriente, de potencia y de energía.

A este último se le requiere un grado de precisión elevado solo en el campo de funcionamiento nominal y es muy ventajoso a los fines de salvaguardar la integridad de los instrumentos alimentados, que en el caso de sobrecorriente (por ejemplo como aquellas derivadas del cortocircuito) la corriente secundaria no aumenta más en proporción a la corriente primaria, más o menos rápidamente que esta. Se hace necesario verificar que el aumento de la fuerza electromotriz secundaria sea ligado al aumento muy relevante de la cuota parte de la corriente primaria que provee la magnetización del núcleo magnético, de modo que se manifiesten rápidamente fenómenos de saturación.

Los transformadores de corriente destinados a alimentar sistemas de protección deben comportarse en forma diferente. Es lógico que la naturaleza misma de las funciones, aseguren un grado de precisión diferente. Por lo tanto deben mantener una precisión suficiente en el caso en que la corriente alcance valores de muchas veces su valor nominal. En el núcleo magnético no deben, dentro de los límites previstos, manifestarse fenómenos relevantes de saturación.

Los efectos mencionados se obtienen utilizando mayor cantidad de láminas magnéticas y recurriendo a materiales magnéticos con características de magnetización apropiadas. Por otra parte se limita al mínimo posible la prestación nominal del TA.

Según las normas internacionales, actualmente en revisión, el error complejo de un TA destinado a alimentar corrientes de protección se define de la siguiente manera:

El error complejo de un TA es la relación, respecto a la corriente primaria del valor eficaz de la onda resultante de la diferencia de todos los valores intermediarios, y el producto por la relación de transformación nominal de todos los valores instantáneos de las corrientes secundarias teniendo en cuenta el efecto producido por las de relación y de ángulo y de las distorsiones.

El error complejo se expresa generalmente, en por ciento de la corriente nominal primaria.

Se define como "coeficiente de sobrecorriente" o factor límite de precisión, a la relación entre la corriente primaria para la cual el transformador mantiene el grado de precisión requerida y la corriente nominal primaria.

En los transformadores de construcción nominal, el coeficiente de sobrecorriente asume valores comprendidos entre 10 y 15, mientras el valor del error complejos del orden del 5 al 10%.

Los transformadores de corriente destinados a alimentar las protecciones deben ser sometidos a todas las pruebas previstas en los procedimientos especiales y a este propósito se puede decir a corriente nominal, que los errores admitidos son del orden del ± 1%, para el error de relación, y del ± 1,8% para el error del ángulo.

Los métodos para la verificación del coeficiente de sobrecorriente son diversos y se pueden dividir en dos grupos:

- Métodos directos
- Métodos indirectos

4.8.1 Verificación por el método directo:

El método directo de verificación es el más simple y la prueba se realiza haciendo circular en el primario la corriente correspondiente al coeficiente nominal de sobrecorriente, verificando cuando el error está comprendido dentro de los valores previstos.

La ejecución de la prueba encuentra notables dificultades práctica. Primeramente la prueba debe ser hecha lo más rápidamente posible para evitar que los arrollamientos de TA en prueba tome temperaturas peligrosas, por cuanto, estos transformadores están previstos para funcionar con sobrecorrientes solo en régimen transitorio de corta duración.

La corriente de alimentación debe tener una forma de onda prácticamente sinusoidal, condición difícil de lograr si no se dispone de instalaciones de notable potencia. También es necesario disponer de un transformador de corriente de igual relación del que está en prueba cuyo error complejo sea prácticamente despreciable. En este caso no es correcto pensar en aplicar correcciones a los resultados obtenidos ya que esto no es posible teniendo en cuenta las distorsiones y los desfasamientos, ciertamente de características diversas que se ponen de manifiesto sobre los dos transformadores insertos en el circuito de prueba.

Se debe hacer notar, por otra parte, que los resultados más aceptables se obtienen con la aplicación del método directo, porque no obstante las dificultades indicadas, este método es muy usado. Durante la verificación, el arrollamiento secundario debe ser cargado con la prestación nominal.

El esquema de principio, que ilustra sobre el método directo está indicado en la figura 4-12, en el cual se supone que el TA tiene los arrollamientos, primario y secundario, con el mismo número de espiras (relación nominal = relación entre espiras = 1)

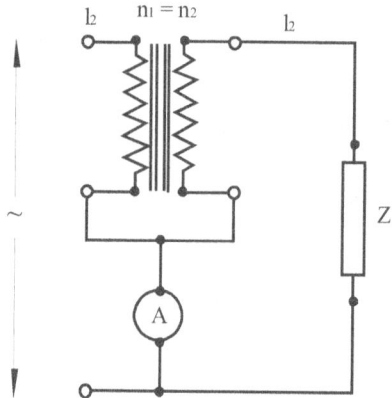

Figura 4-12. Esquema del principio del método directo.

El circuito viene alimentado con una fuente de corriente sinusoidal a frecuencia nominal, mientras que a los bornes del secundario si conecta la prestación prevista para el TA.

Un amperímetro (A) está insertado de modo que sea atravesado por la diferencia entre la corriente primaria y la secundaria. La lectura equivale al valor eficaz de la corriente de excitación del TA.

El valor de esta corriente, medida cuando la corriente nominal es la correspondiente al coeficiente de sobrecorriente prefijado, dividido por el mismo valor de la corriente primario y multiplicado por 100, conforme directamente el valor del error complejo en porciento.

Es evidente, también que la eventualidad de que la relación entre espiras sea igual a la unidad, debe ser considerada como excepcional. Se debe ahora recurrir a circuitos diversos, como el mostrado en la figura 4-13. El transformador patrón (TA$_C$) debe tener la misma relación de transformación nominal del que está en prueba (TA$_X$). Los primarios de los dos TA son conectados en serie y excitados por una corriente nominal, mientras los dos secundarios son puestos en derivación sobre un amperímetro (A_2) de modo que este instrumento indique la diferencia entre las dos corrientes secundarias.

En esta condición, el valor eficaz de la corriente ΔI_2 indicado por el amperímetro y multiplicado por 100 representa el valor de del error complejo de TA en prueba.

Como no es posible efectuar correcciones a los resultados obtenidos, es necesario que error complejo del TA_C patrón, en las condiciones de prueba, sea despreciable respecto al TA_X en ensayo, por lo que este transformador patrón debe ser de construcción especial.

Estos inconvenientes pueden ser obviados recurriendo al empleo de dos transformadores patrones realizando el circuito de la figura 4-14. En este caso, los dos TA patrones pueden ser de construcción normal, por cuanto se prevé que no sean atravesados por corrientes superiores a la nominal de funcionamiento relativo a la clase respectiva.

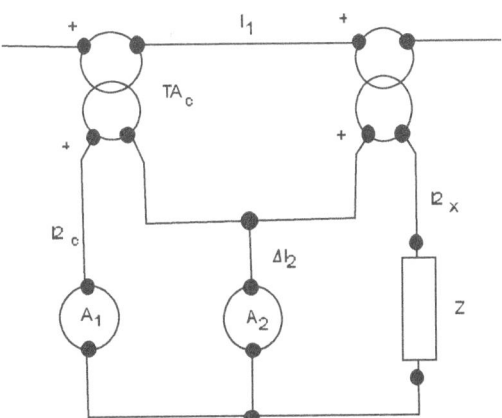

Figura 4-13. Esquema de los principios de aplicación del método directo que prevé el empleo de un TA patrón de la misma relación de transformación que la del TA en prueba.

En la figura 4-14 el transformador indicado con TA_X es el transformador en prueba. El indicado con TA_C es un transformador de precisión cuya corriente nominal es del orden de la del transformador de corriente primaria del orden de magnitud de la corriente secundaria de transformador en prueba.

Con un amperímetro A_1 se mide la corriente secundaria del TA, mientras con el amperímetro A_2 se mide la diferencia entre la corriente secundaria del TAc y del TA_A.

Si con Kc se indica la relación nominal del TA, y con Kx la del TA_X para la ejecución de la prueba debe ser utilizada la relación:

$$K_C = K_A K_X$$

En estas condiciones, si se puede considerar despreciable los errores complejos del TA_C y TA_A la relación entre las indicaciones de los amperímetros A_2 y A_1, multiplicada por 100, da el error complejo del transformador TA_X. En el caso que el relevamiento de los valores con el auxilio de instrumentos indicadores no sea posible, eventualmente puede efectuarse la verificación con el mismo criterio, para la medición de la corriente se efectúa mediante el registro oscilográfico.

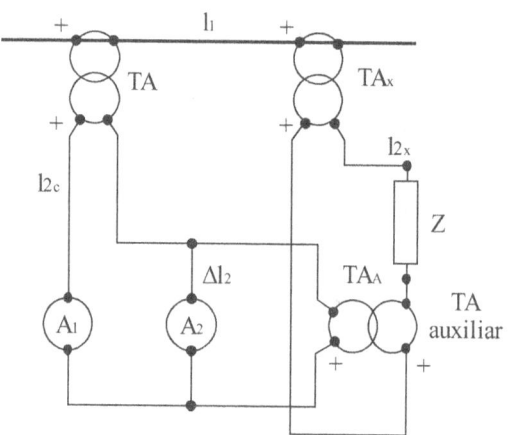

Figura 4-14. Esquema del principio del método directo que prevé el uso de dos TA patrones.

4.8.2 Verificación por el método indirecto:

Como se ha expresado anteriormente, la ejecución de la verificación del coeficiente de sobrecorriente con el método directo puede presentar notables dificultades y un error no despreciable.

Este hecho justifica recurrir a métodos indirectos que, siendo convencional, la verificación del TA se ajusta a las prescripciones cuando funciona con sobrecorrientes.

Inicialmente el método es aplicable a los transformadores en los cuales se puede admitir que tienen núcleos de características uniformes, distribución uniforme del arrollamiento secundario y con arrollamiento primario dispuesto simétricamente respecto al secundario y al núcleo.

Además se admite también que la forma de onda de la tensión de prueba sea sinusoidal, mientras la fuerza electromotriz que se induce en el secundario del TA durante el funcionamiento también lo es.

La prueba se concreta con el arrollamiento primario abierto, alimentando el arrollamiento secundario con una tensión de forma sinusoidal a frecuencia nominal, y midiendo la corriente de excitación absorbida. Se realiza el circuito de la figura 4-15.

La tensión de alimentación calculada con el producto:

$$V = n\, I_2\, Z_3$$

Donde:

n es el coeficiente nominal de sobrecorriente

I_2 la corriente nominal secundaria

Z_3 la impedancia del circuito secundario

El valor de la impedancia Z_3 debe ser calculado como la suma vectorial de la prestación nominal del TA y de la impedancia de dispersión del secundario. Esta última puede ser asumida, sin cometer un error apreciable, igual a la resistencia del arrollamiento secundario referida a 75° C.

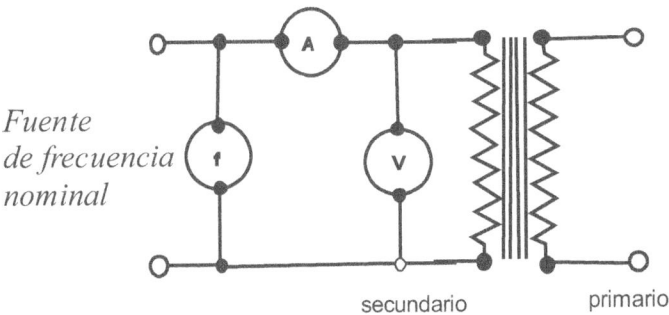

Figura 4-15. Esquema para la aplicación del método indirecto.

El valor de la corriente absorbida del TA, en estas condiciones, expresada en porciento del producto de la corriente nominal y el coeficiente de sobrecarga, no debe superar los límites del error complejo admisible.

Como se ha expresado, este método puramente convencional, pero la experiencia ha demostrado que los resultados obtenidos son suficientemente atendibles.

BIBLIOGRAFIA

E. E. Staff del M. I. I. *Circuitos Magnéticos y Transformadores* Editorial Reverté

Antonio Bossi- Enzo Coppi. Misure Elettriche. Editorial Hoepli.
G. W. Bowcller. *Measurements in High- Voltaje Circuits* Ed. Pergamon Press

A. Torresi. *Mediciones en Alta Tensión.* Editorial Universitas

Ryszard Malewski – Bertrond Paulin. *Impulse Testing. Power Transformer Using the transfer Function Nethad. IEEE. Transactions on Power Delibery.*

Roberto M. Frediani- Jean Riubrigent. *Análisis de la Metodología y Aplicaciones del Ensayo de Impulso Sobre Transformadores.*

I.E.E. N° 93. *Guía de la IEEE para los ensayos de impulso en tranformadores*

Emil Stenkvist et Hyltén- Cavallius. *Étude de la Détection et de la Localisation des Defaufs don Les Essals de Choc des Transformateurs.*

T. Liebfried – K. Feser. *Some Aspects. Uing de Transfer. Funtion Concep in High Voltage. Impuls Testing of Transformers.* University of Stuttgart

A. Torresi *Sobretensiones.* Editorial Universitas

Z. L. Y.M. Li J. Kuffel. W. Janiechewsky- *Aplications of Spectrum. Análisis in Lighting.*

Rysfard Malewski. Wisewound shunts for Mesurement of Fast. *Impulse I. E. E.E. Transactions on Power apparatus and sistems.*

Internactional Electotechnica Comision. *Lighting Impulse and switching Testing of Power Transformer and Reactors.*

Howley. W. E   *Impulse Voltaje Testing*. Editorial Diamont

A. Torresi   *El Campo Eléctrico en Alta Tensión*. Editorial Universitas

APENDICE

DIAGRAMA DE HEYLAND

POR JOSÉ FRANCISCO NÚÑEZ

En esta exposición, veremos el Diagrama de Heyland aplicado al estudio de los transformadores.

El principio básico de este diagrama, es la correspondencia entre diagramas de Impedancia y de Admitancia. Como la admitancia Y es la inversa de la Impedancia Z, a cada punto en el plano Z le corresponde un punto en el plano Y.

En particular, nos interesa suponer que tenemos una Impedancia formada por una resistencia variable y una reactancia inductiva fija. Su lugar geométrico en el plano Z será por lo tanto una semirrecta paralela al eje de abscisas. Además, como no existen las resistencias negativas, esto hace que se aproveche la parte izquierda (semiplano de la izquierda del eje de abscisas), para representar la admitancia correspondiente.

La función inversa $Y = \dfrac{1}{Z}$ es un caso particular de la función homográfica, que es de la forma: $w = \dfrac{az+b}{cz+d}$, esta función transforma circunferencias de radio infinito. Demostraremos que a la semirrecta de impedancia que hemos mencionado antes, le corresponde una semicircunferencia que pasa por el origen (en efecto, si Z = ∞, es Y = 0).

Si a la reactancia fija X le hacemos corresponder una susceptacia B cuyo módulo es $\dfrac{1}{X}$, y trazamos la semicircunferencia de centro –B/2 y radio igual a B/2, se tiene lo que puede observarse en la siguiente figura:

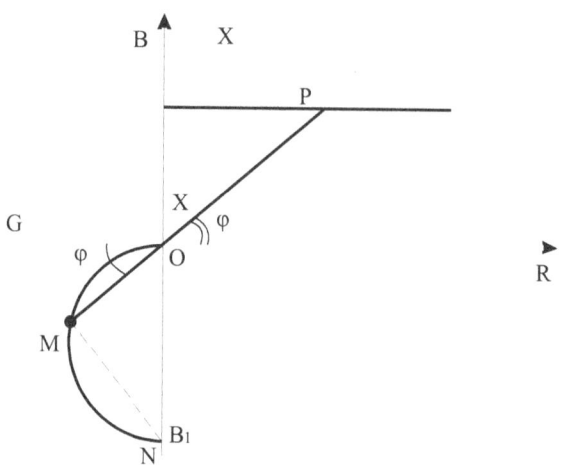

Aquí vemos que el argumento φ de la impedancia y de la admitancia son iguales. Además, si por el punto P de una impedancia sobre la recta de impedancias, se hace pasar una recta que también pase por el origen O, el segmento OM representa la admitancia correspondiente. Si unimos N con M, se obtiene el triangulo OMN, que es el rectángulo, por estar inscripto en una semicircunferencia. Por lo tanto, OM = B . sen φ. En el plano de impedancia, X = Z . sen φ; en consecuencia OM = B . X/Z; pero B . X = 1, y en consecuencia OM = 1/Z; OM =Y

El circuito equivalente del transformador puede ser esquematizado como sigue:

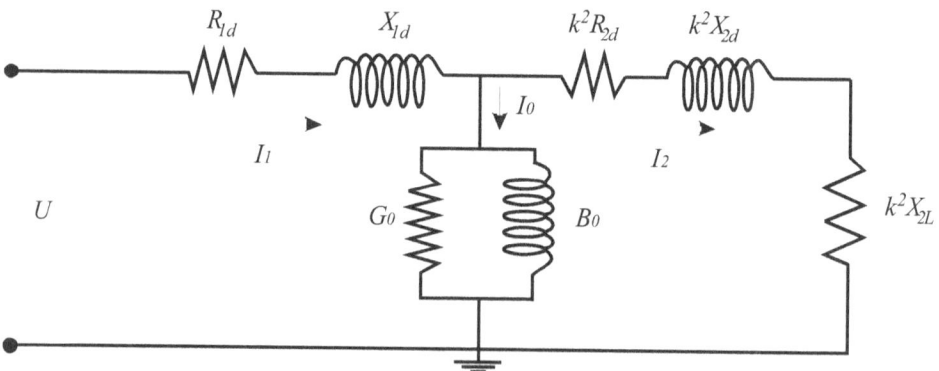

Como la corriente I_0 es pequeña, y a los fines de lograr una mayor simplicidad, se traspasan la resistencia y la reactancia de dispersión primaria a la segunda malla; esto ocasiona un error normalmente menos que el 2%, y por lo tanto no es de mucha importancia.

El circuito equivalente del transformador queda entonces:

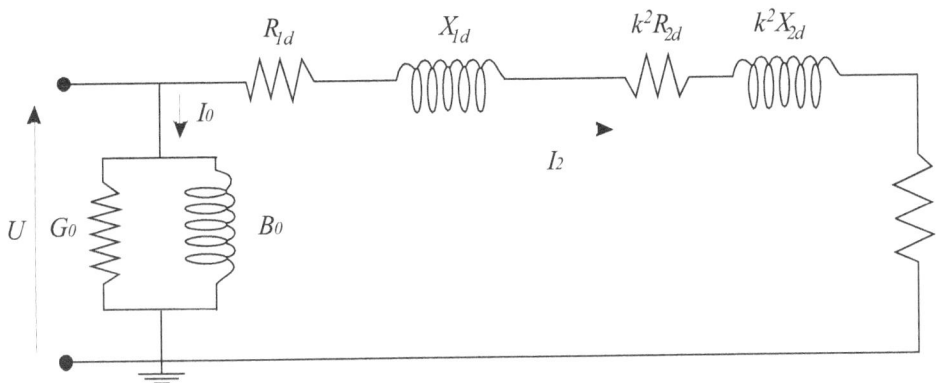

Si miramos el circuito después de G_0 y B_0, puede observarse que se corresponde con el modelo de reactancia constante y resistencia variable que plantamos inicialmente. Por lo tanto la corriente de esta parte, $I = E.Y$, deberá estar sobre una semicircunferencia, como se ve en la figura:

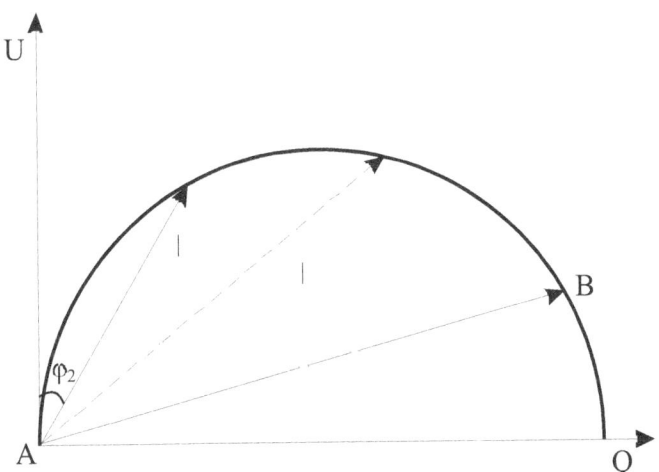

Obsérvese que la circunferencia útil se limita antes del punto Q, pues la resistencia mínima corresponde a $R1d + R2d.k^2$, donde k 0 N_1/N_2.

El diagrama de Heyland se completa con la corriente Io, que pasa por Go y Bo, quedando como se ve en el esquema:

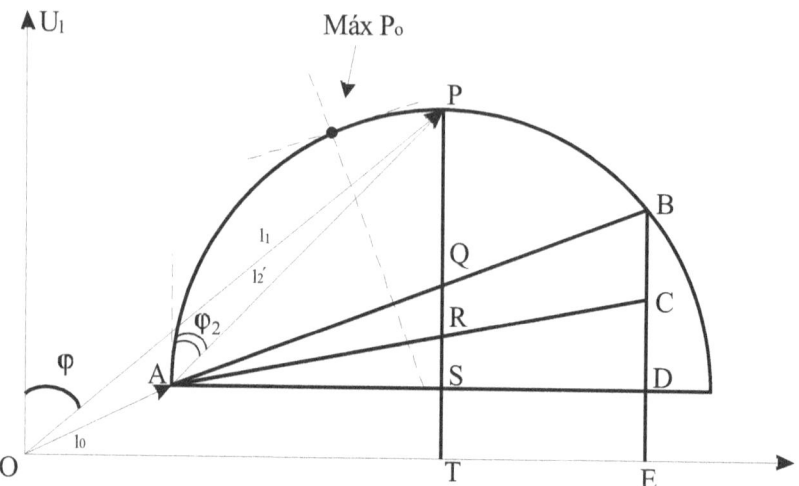

En esta figura, el punto B corresponde a $R_L = 0$, que es lo mas lejos del origen al que se puede llegar. Los segmentos verticales, como se trabaja a tensión U = cte., pueden asimilarse a potencias. Como el punto B corresponde a corto circuito, la potencia representada por BD será la de pérdidas en el cobre, y la de DE corresponde a las pérdidas en el hierro. Si pasamos a un punto cualquiera sobre la circunferencia, tal como el punto P, el segmento PQ representa la potencia útil, y el QS, las pérdidas en el cobre. Esto lo demostraremos más adelante. Si dividimos el segmento QS en forma proporcional a las resistencias R_2 y R_1, pueden discriminarse las pérdidas de los arrollamientos secundario y primario. PT corresponde a la potencia total:

$$PT = U . I_1 . cos \, \varphi = Pent.$$

Asimismo, el rendimiento puede calcularse para un punto P cualquiera sobre la circunferencia, como el cociente

$$\eta = PQ \, / \, PT$$

Si por el centro de la semicircunferencia trazamos una perpendicular al segmento AB, en la intersección del mismo con la circunferencia se determina el punto P′ que corresponde a la máxima potencia útil. En efecto, si por P′ trazamos una tangente, esta resulta ser paralela al segmento AB; la máxima distancia vertical es así la que corresponde a dicho punto, y no puede ser superada.

Por otra parte, en general los transformadores no están diseñados para suministrar esta máxima potencia y se cuida de que tengan un buen rendimiento. Los diagramas de Heyland que corresponden a los transformadores reales, tienen un Io muy chico, y se trabaja en el tramo ascendente de la semicircunferencia:

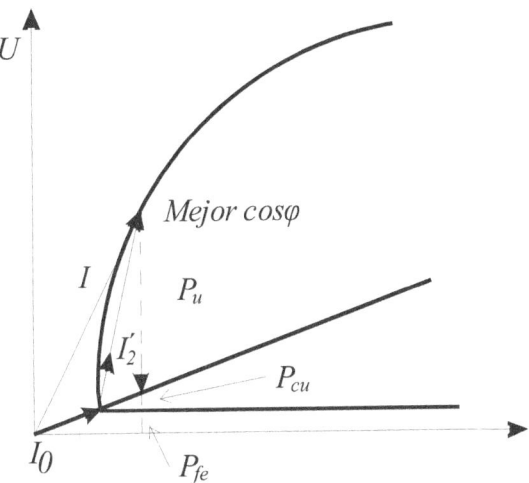

Si por el origen trazamos una tangente a la semicircunferencia, el punto de tangencia nos daría el funcionamiento con el mejor cos φ posible.

Nota 1: Demostración relativa a las pérdidas

Si tomamos únicamente la parte relativa a I_2' del diagrama, tenemos un esquema como el que sigue:

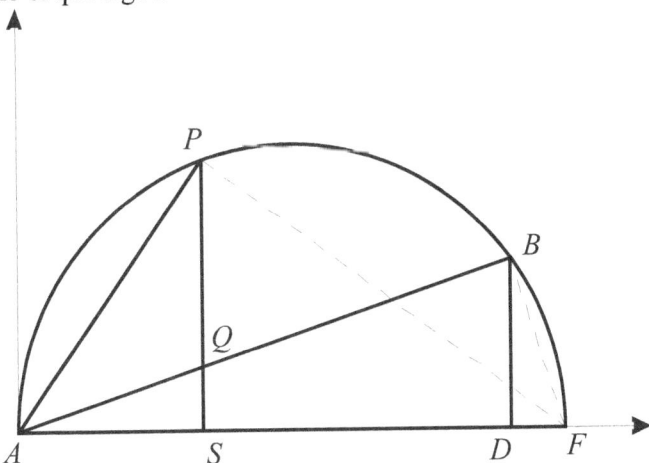

Sabemos que el segmento BD corresponde al punto límite; debemos demostrar que las pérdidas se reducen al pasar a P de acuerdo a la reducción de corriente al cuadrado. Para B, dicha corriente al segmento BP.

Queremos demostrar que QS = BD . $(AP/AB)^2$

Podemos expresar:

QS/BD = AS/AS (1) por triángulos semejantes

Uniendo P y B con F, tenemos dos triángulos, APF y ABF que son rectángulos por estar inscriptos en una semicircunferencia. En consecuencia:

AS = AP²/AF y AD = AB²/AF

Reemplazando en la (1): QS = BD . AP²/AB² o sea que:
QS = BD . (AP/AB)²

Por lo tanto, QS representa las pérdidas al tomar la I el valor AP.

Nota 2: <u>Correspondencia entre impedancia y admitancia</u>

Se puede demostrar analíticamente, que si el lugar geométrico de impedancias corresponde a una semirrecta paralela al eje horizontal, en caso de una reactancia constante y resistencia variable de 0 a ∞, las admitancias correspondientes están sobre una semicircunferencia que pasa por el origen; por lo pronto, si R=∞, Y=0; y si R=0, Z=X₀ (constante), y por lo tanto Y=-j . Bo. En general:

$$Y = 1/Z = \frac{1}{R + jX} = R^2 / \left(R^2 + X^2\right) - j.X / \left(R^2 + X^2\right)$$ en consecuencia:

$$G = R / \left(R^2 + X^2\right) \ y \ B = X \left(R^2 + X^2\right) \ \text{con} \ X = k \ (cte)$$

$$G^2 + B^2 = \left(R^2 + X^2\right) / \left(R^2 + X^2\right)^2 = 1 \left(R^2 + X^2\right) \ \text{pero} \ X = 1/Bo$$

De la expresión de B: R² = X/B – X² y entonces
$$G^2 + B^2 = B / X = B.Bo \qquad G^2 + B^2 - B.Bo = 0$$ que se puede expresar en la siguiente forma:

$$G^2 + \left(B - Bo / 2\right)^2 = \left(Bo / 2\right)^2$$

Siendo esta la ecuación de una circunferencia de radio Bo/2 y de centro en las coordenadas 0, Bo/2 como se dibujó.

La presente edición de *Ensayo De transformadores;* se terminó de imprimir en el mes de octubre de 2020 en Universitas. Pje. España 1467. Córdoba.

email: editorialuniversitas@yahoo.com.ar

Impreso en Argentina